牟怡，彭蘭，龐建新——著

生成式A.I.傳播進化：人工智慧重塑人類的交流

人工智慧和人類交流新紀元，機器如何成為我們的鏡子、挑戰者甚至我們的夥伴？

取代你工作的絕對不會是AI，而是

——會駕馭AI的人

CONTENTS

目錄

About Author
關於作者

牟怡

博士，媒體與設計學院傳播學專業副教授，媒介與公共事務研究中心副主任。在美國波士頓大學、密西根州立大學和康乃狄克大學獲得化學碩士、傳播學碩士和傳播學博士學位。同時擔任十種國際學術期刊的邀請審稿人，曾獲得過新聞與大眾傳播學會、美國傳播學會、上海交大國際傳播學會國際新媒體論壇最佳論文獎等榮譽。長期致力於新媒體技術在社會各個領域的應用與效應的研究，尤其在人機傳播和技術在健康傳播的應用等領域著述頗豐。

作為跨界的研究者，牟怡博士主張從問題出發，打破既有的學科界限。近年來關注的領域跨越傳播學、心理學、公共健康、人工智慧、認知科學、技術哲學等。目前的研究課題嘗試摸索人與智慧機器的交流模式，並從跨文化的角度將本土文化特點融入其中。

彭蘭

新聞與傳播學院教授、新媒體研究中心主任

數位時代，人機傳播是人內傳播、人際傳播、群體傳播、組織傳播、大眾傳播之外的另一種重要的傳播形態。在人工智慧的推動下，人與機器的對話，正深化到人與自我對話的層面，成為人內傳播的一種投射。機器作為「人的延伸」，也是人際傳播的一種中介，而人工智慧將為冷冰冰的、程式化的機器賦予溫度與靈性，使機器在人與人的互動中扮演更聰明的角色。人工智慧也將在一定程度上改寫今天我們習以為常的傳播形態。本書作者將人工智慧置於傳播的視野下洞察，讓我們看到人工智慧與傳播兩者碰撞後的耀眼光亮，也讓我們思考人工智慧時代全新的人機關係及其挑戰。

龐建新

優必選科技公司（人工智慧與服務機器人領先企業）研發副總裁

從傳播的角度去看人工智慧是一個更有趣的話題。人工智慧是一種通用的科學技術，透過在一個個應用場景中的應用去影響人和他所在的人群。透過這種方式，人工智慧影響了幾乎所有的領域，傳播就是其中一個。人工智慧的進步，改變了傳統的信源（資訊的源頭）、信道（資訊傳輸的通道）和信宿（接受資訊的終端）的表現方式，正是因為這些改變讓人們對人工智慧開始有點兒凝慮和擔心，但這種疑慮和擔心何嘗不是人類本身的一個進步呢？我相信人工智慧帶給我們的是美好。儘管在較長的一段時間內，人工智慧只能應用在一些特別的場景裡，不過我們應該時刻準備好擁抱這種進步。這本書可以給我們帶來一些啟示。

Content Summary
內容提要

人工智慧作為一個嶄新的交流對象正在逐漸進入人類的日常生活。伴隨著人工智慧的崛起，隨之而來的是對傳播模型的革新。人工智慧的獨特性所帶來的對人際交流默認假設的衝擊很有可能會引發對交流觀點的顛覆。人與人工智慧之間的交流對時間維度的改變，對交流對象可操控性的放大，以及對資訊的無意識無批判等，這些都會如同大壩上打開的細微小孔，最終引來整個大壩的坍塌，進而如河流改道一樣，將人類的交流引上不同的道路。幾千年來，人類傳播的歷史一直在提供語言失敗的證據。在這次人工智慧革命中，我們能否跨越語言的侷限，直達交流的終極目標——有效的思想交換？本書將對這一問題展開全面深入的討論。

本書首先從媒體技術發展的角度探討人工智慧這個正在崛起的交流對象所代表的趨勢。繼而第二章從使用的角度，逐一討論人機傳播的交流模式、倫理、一致性、人性、人格、擬人化等方面的特點，以及這一交流區別於人際傳播之處。第三章討論人與人工智慧交流的效應，包括陪伴效應、自我映射效應等。第四章在上述討論的基礎上對未來作出展望。本書立足於人文社會科學領域，從傳播學、電腦科學、社會學、心理學、語言學和哲學等多角度全方位探討人工智慧將給人類交流帶來的各種影響。本書觀點新穎，深入淺出，除傳播學領域的學習者與研究者以及人工智慧愛好者之外，對關心人類發展趨勢的大眾讀者也同樣適用。

Introduction
引言

寒冬之後，奇點之前

二〇一五年十月二十一日，全世界科幻迷歡慶的「回到未來日」（Back-to-the-future Day）。在一九八九年的經典科幻片《回到未來 II》中，主角馬蒂．麥克弗萊（Marty McFly）和布朗博士（Dr. Brown）乘著時光機穿越到了二〇一五年十月二十一日，看到了一個全新的世界，回到未來日故此得名。影片中展示的不少「未來科技」，比如可穿戴設備、體感遊戲、3D 投影等早已進入現代人的生活。雖然磁懸浮滑板、飛行汽車和穿越時空之旅尚待實現，但是這部二十多年前的科幻電影以其撩動情懷的方式提醒著每個人：科幻與現實，距離其實沒有那麼遠。

另一個例子便是人工智慧

二〇一五年，孕育的一年。新媒體技術領域看似平靜，實則波濤暗湧。之前被無數人稱道的社交媒體開始放慢了「野蠻生長」的速度：世界社交媒體巨頭 Facebook 在歐美發達國家進入瓶頸期，Twitter 上使用者的活躍度大幅度下降。面對這樣的局面，業內和學界發出同樣的疑問：接下來是什麼？

今天，我們站在人工智慧時代的門口，頗有若干年前無敵艦隊駛出海格力斯柱[1]的意味。我們的耳邊同時混雜著叫好聲和質疑聲。這樣的場面我們並不陌生。就在不到三十年前，網路剛剛在公共領域崛起之時，早期網路的擁護者們紛紛預言網路將會實現烏托邦社會的理想。然而很快，人們失望的發現網路上出現了虛擬空間的殖民化、資訊獲取的不平等以及政府的資訊監控等，於是烏托邦的幻夢就隨著二十一世紀之初網路泡沫的破裂而消亡。伴隨而來的是反烏托邦的觀點，即未來並非呈現玫瑰色，而是帶著灰暗色調的類似「一九八四」末世情結的悲觀前景。當然，今天的學界在網路帶給人類社會的影響上普遍持中立的溫和觀點。

對人工智慧褒貶不一的態度從人工智慧誕生之初便開始了。一九四九年，為了抨擊正在興起的電腦技術和控制論，英國著名腦外科醫生傑佛里·傑佛遜爵士（Sir Geoffrey Jefferson）發表了名為「機械人的思維」的演說。演說中，傑佛遜暢言了一段後來被廣為引用的激昂排比句：「除非有一天，機器能夠有感而發，寫出十四行詩，或者譜出協奏曲，而不只是符號的組合，我們才能認可，機器等同於大腦——不光要寫出這些，而且還要感受它們。任何機器都無法對成功感到喜悅，對電子管故障感到悲傷，對讚美感到溫暖，對錯誤感到沮喪，對性感感到著迷，對失去心愛之物感到痛苦。」

工業革命期間，機器問題（machinery question），即機器替代人是否會導致大量失業的問題，曾引發廣泛討論。如今，機器問題再度出現，只不過這一次的主角晉陞到了人工智慧。二〇一二年，兩位來自 MIT 數位經濟中心的教授艾瑞克·布林約爾松（Eric Brynjolfsson）和安德魯·麥卡菲（Andrew McAfee）在《與機器賽跑》（*Race against the Machine*）一書中表達了人類勞動力大量被機器替代的悲觀觀點。然而，他們在二〇一四年的新作《第二次機器時代》（*The Second Machine Age*）中走向了樂觀的一面。布林約爾松教授近期在 TED 的演講裡疾呼：「只有當人與機器展開有效的合作，才會立於不敗之地。」另一位作者麥卡菲教授則直接引用物理學家弗里曼·戴森（Freeman Dyson）的觀點：「技術是上帝的禮物。在生命這份禮物之後，技

1 直布羅陀海峽兩岸邊聳立的海岬，希臘神話中英雄海格力斯出行中的最西點，後被視為通向新世界之門。

術這份禮物可能是上帝最偉大的禮物了。它是文明之母，藝術之母，科學之母。」

我們不清楚是什麼原因導致了兩位經濟學家的態度如此迅速地在兩年時間裡從悲觀轉變為樂觀。然而其他的人工智慧悲觀主義者似乎立場更堅定一些。比爾蓋茲（Bill Gates）和著名物理學家史蒂芬・霍金（Stephen Hawking）一貫對人工智慧持審慎態度。科技界的傳奇人物特斯拉 CEO 伊隆・馬斯克（Elon Musk）更是認為人工智慧比核武器還危險，是人類生存的最大威脅。二〇一五年，伊隆・馬斯克、蘋果聯合創始人史蒂夫・沃茲尼克（Steve Wozniak）、人工智慧公司 Deep Mind CEO 傑米斯・哈撒比斯（Demis Hassabis）、史蒂芬・霍金，以及上百位人工智慧研究專家共同簽署了一封號召禁止人工智慧武器的公開信。在眾多關於人工智慧正面及反面的觀點中，我個人覺得最有啟發的觀點是人工智慧對民主的威脅。眾所周知，一個社會的中產階級是民主制度的中流砥柱，而未來人工智慧大量替代中層的技術工作，帶來「職業兩極化」的風險，勢必導致中產階級分崩離析，進而瓦解今日的民主形式。

另外，越來越多的公司將人工智慧運用到商業領域，例如 Google 的 Google Now、蘋果的 Siri、微軟的 Cortana 等。建立在人工智慧基礎上的社交機器人也層出不窮，比如國際上第一款家庭使用機器人 Jibo，日系的仿人機器人 Nao 和 Pepper，中國領先的家庭陪伴機器人 Alpha，教育機器人 Buddy 等。矽谷傳奇人物、觀察家及預言家凱文・凱利（Kevin Kelly）也將人工智慧譽為下一個最熱的創業機會。二〇一六年六月，《經濟學人》發表封面文章，從技術、就業、教育、政策、道德五大維度深度剖析人工智慧革命。該文引用麥肯錫全球研究院（McKinsey Global Institute）的數據，説明了人工智慧正在促進社會發生轉變，這種轉變比工業革命發生的速度快十倍，規模大三百倍，影響幾乎大三千倍。在歷數了種種人工智慧的威脅論之後，文章以務實的角度指出，我們應該歡迎人工智慧，而不是害怕它。

不管我們是歡迎還是抵制人工智慧，這一天遲早會到來。二〇一五年十二月十一日《科學》雜誌的封面文章石破天驚地指出機器實現了自我學習。儘管雷．庫茲韋爾（Ray Kurzweil）[2] 口中的奇點尚未到來，但經歷了幾起幾伏之後，人工智慧終於告別了寒冬。這一次的春天似乎跟之前的幾次不太一樣，也許奇點真的近在咫尺。所以，在奇點來到之前，我們需要做好準備。

縱觀人類的科技文化思想史，我們不難發現：人類思想文化的積累每每落後於科學技術的發展。幾個世紀以來，科學技術宛如在荒野裡野蠻生長，而後驗性質的社會科學僅僅偶作回應。也許，這一次我們可以做一個新的嘗試，試著讓社會科學作為燈塔，為這次繼哥白尼革命、達爾文革命、神經科學革命之後的第四次革命——圖靈革命（Floridi, 2014）提供一些指導。

在《第四次革命》一書中，來自英國牛津大學的資訊哲學家盧西亞諾．弗洛里迪（Luciano Floridi）總結了人類的四次自我認知革命。第一次革命發生在一五四三年。尼古拉．哥白尼（Nicolaus Copernicus）發表《天體運行論》，讓世人意識到人類並不是被造物主眷顧而被安排在宇宙的中心，從而迫使人類重新思考自己的位置與角色。發表於一八五九年的《物種起源》帶來了第二次革命。查爾斯．達爾文（Charles Darwin）在書中駁斥了人類是萬物之靈的觀點，指出所有生物都來自共同的祖先，並在自然選擇下不斷進化。第三次革命來自西格蒙德．佛洛伊德（Sigmund Freud）的精神分析著作，將人類具備有意識的自我反省與自我控制的能力這一假象擊得粉碎。而艾倫．圖靈（Alan Turing）在一九五〇年發表的經典論文《計算機與智慧》則使人類再一次拋棄自己獨一無二的觀點，因為機器也可以具備智慧，並可以替代人類執行越來越多的任務。

從一個問題出發

亞伯特．愛因斯坦（Albert Einstein）問了一個問題：如果一個人以光速

2 美國發明家，未來學家，人工智慧「奇點理論」的提出者。

運動，他會看到什麼？從這個問題出發，愛因斯坦發展出了廣義相對論。艾倫・圖靈問了一個問題：機器會思考嗎？從這個問題出發，圖靈打下了人工智慧大廈的地基。提出一個好的問題，往往比這個問題的答案本身更重要。

這本書也是從一個問題出發，那就是：當人工智慧成為人類新的交流夥伴之後，傳播會發生怎樣的變化？

回答這個問題並不容易。深知這個問題難度的我，並不敢奢望能在一本書裡回答這個問題。我想做的，只是在這本書中，從各個方面把這個問題問清楚。然而，我發現，即使只是想提出問題的各個方面，已經是困難重重。究其原因，是因為人類的交流，從來都沒有簡單過。

交流的目標是思想的無障礙分享。然而從古至今，這樣樸素的目標幾乎沒有被實現過。從西方巴比倫塔的隱喻，到東方「道可道，非常道」的箴言，不同種族的人們都苦於交流的困境。失望之餘，人類把目光投向其他智慧體，動物、外星人、超自然力量，甚至鬼魂……我很贊成美國傳播學家約翰・彼得斯（John Peters, 2003）在《交流的無奈》一書中表達的那種略顯悲壯的觀點：人與人之間是「無限遙遠的距離」，而交流是「沒有保證的冒險」。

而從另外一個角度，人類的身體很遺憾地並不具備完成這樣一個「沒有保證的冒險」的生理條件。我們的視覺受限，聽覺不足，詞不達意，思想含糊不清。我們每每需要借用外力才能將交流深入一步。在這些外力裡，機器越來越成為不容忽視的力量。而人與機器的關係卻隨著兩者的力量對比變得時好時壞。從蒸汽機的第一聲轟鳴劃過長空開始，形形色色的盧德分子[3]和技術樂天派就展開了拉鋸戰。他們並不總是不同的人，他們可能同時存在於我們每個人身上。在今天，即使技術已然與我們水乳交融，我們仍然有抑制不住的衝動想將技術排除在身體之外。我們幻想能透過技術實現交流的理想，卻不得不祭上我們的自由。

3 盧德分子（the Luddites）是十九世紀英國紡織工人的一個團體，以毀壞機器的方式抗議工業革命帶來的機械化。後用來泛指反對技術進步與產業調整的人。

我們還沒有做好充足的準備就被拋進一片未知之地。在這片土地上，我們將遭遇一個全新的交流對象——人工智慧。它是否會像美國著名媒體生態學家尼爾．波茲曼（Neil Postman）所恐懼的那樣：「一旦造出機器，我們總會大吃一驚，發現機器有自己的想法；除了有能力改變我們的習慣，還能改變心智的習性。」除了拭目以待之外，我們還可以做一些準備。

本書的定位

十多年前，我在那個從來不缺天才的大學校園裡，見識了各種各樣才華橫溢的人。有一次，一個同學說了這樣一句話：「我覺得牛頓提出三大定律，其實是把物理學引上一條歧途。」也許你聽到這句話的反應與我當時的反應是一模一樣的：這分明是胡說八道。但我不知道你是否跟我一樣，緊接著閃過這樣的念頭：真的是這樣的嗎？萬一真是這樣呢？

我在求學和研究階段受益於很多聰明人的影響和啟發，與他們直接或間接的交流幫助我打造出我的認知大廈。然而，對我而言，後來那些無數次有趣並富有啟發性的談話，都沒有若干年前那句出自一個大三同學的無心的話來得影響深遠。在那個形成自我對世界的獨特認知的關鍵時期，也許，事實本身並不重要，重要的是這種質疑權威、質疑根本的勇氣和態度。如果我在今天還能略為驕傲地認為自己是一個有著一點批判精神的研究者的話，那麼，多年前那句別人口中無意說出的不知天高地厚的話對我的衝擊，應該是我能想到的開啟這扇門的關鍵閥門之一。

用今天流行的網路用語來說，這應該叫作「腦洞大開」。我曾經受益於各種各樣腦洞大開的思想和觀點，現在，我想同樣帶給你這樣的思維遊戲。你可能不會認同我在書中闡述的觀點，但是，沒有關係，只要這本書能引發你一些思考，打開你的一些腦洞，那我的目的就達到了。

當然，有必要在開始這段思維之旅前給這本書一個明確的定位。首先，這不是一本預測未來產業趨勢的書。本書討論的問題遠遠不到尼克．博斯特倫（Nick Bostrom, 2015）所擔心的超級智慧的情形。本書討論的人工智慧尚未具有自我意識。按照強人工智慧與弱人工智慧的劃分，本書討論的還僅僅是針對現階段出現的人工智慧技術，即弱人工智慧。其次，這本書雖然涉及人工智慧的範疇，但是它絕對不是一本技術層面的書。本書最終的定位還是社會科學領域的著作。儘管本書的很多觀點是基於對於未來的預測（我盡量將它們保持在合理範圍之內），但是它還是盡可能遵從嚴格的社會科學學術寫作規範，支持觀點的論據我都盡量使用原始文獻。同時，我無意過多糾結於技術術語的考量，比如機器人與人工智慧的區別。當然，既然是可以與人交流的技術，那麼具有或多或少的與交流相關的智慧是基本要求。所以純機械的機器人，比如工業機器人，就不在討論範圍之內，即使它也稱得上具有了運動方面的智慧。

我以為，為學就是一個不斷打破邊界的過程，打破認知的邊界，也打破學科的邊界。本書起源於一個簡單的問題，然而尋找答案的過程並不簡單。電腦科學、心理學、倫理學、人類學、社會學、語言學等學科，並非我的專業領域，卻不得不一一拾起。在寫作這本書的過程中，我也在不斷構建和優化自己的知識結構，受益良多。如圖靈的助手傑克．古德（Jack Good）所言：「極端獨創性的一個方面，就是不將庸人口中的真相視為真相。」我不敢妄稱具有極端的獨創性，但至少嘗試著質疑一些所謂的真相。

本書的結構

本書分成四章。第一章為鋪陳，從媒體技術發展的宏觀角度探討人工智慧這個正在崛起的交流對象的特性以及它所代表的趨勢。第二章著力於傳播的模式，從使用的角度，逐一討論人與人工智慧交流的交流模式、倫理，交流的一致性、互動性、人性、人格、擬人化及文化差異等方面的內容，指出每一方面區別於人與人交流的地方。第三章討論人與人工智慧交流的效應，包括陪伴效應、自我映射效應等。對理論的綜述也集中於此。第四章是結論部分，將展開對既有的反思以及對未來的預測。寫作過程中，我盡量將這幾章按照起承轉合的順序進行邏輯安排，但作為讀者，你大可不必按部就班進行閱讀。

我希望這本書的閱讀過程就像一群人一起登山的過程。有些人看到山上的巨石，有些人遙望遠方的雲海，有些人欣賞一路上的參天大樹，而我看到天上正在飛過的一群鳥兒。於是，我把這段景色分享給大家。這不是居高臨下式的教導命令，也不是無關痛癢的自言自語，而是飽含熱情的分享。因為我知道，我的讀者同樣是一群有著強烈好奇心，在各個領域裡披荊斬棘的創新者。我們看到不一樣的風景，我分享給你們我的視角。同樣，你們也會分享給我你們的。

閱讀需愉悅。希望你在這趟思維之旅中隨時保持愉悅！那麼，就讓我們開始吧。

參考文獻：

[1]Floridi L. The 4th Revolution: How the Infosphere is Reshaping Human Reality [M]. Oxford, U.K.: Oxford University Press, 2014.

[2] 尼克・博斯特倫・超級智慧：路線圖、危險性與應對策略 [M]. 張體偉，張玉青，譯・北京：中信出版社，2015。

[3] 約翰・彼得斯・交流的無奈：傳播思想史 [M]. 何道寬，譯・北京：華夏出版社，2003.01 The first chapter 第一章 人工智慧：正在崛起的交流對象

01　The first chapter

第一章
人工智慧：正在崛起的交流對象

第一節
機器與人

技術被譽為最強大的力量。然而技術為何存在？人類的身體又是如何處於與機器接壤的邊緣地帶？這些技術帶給人類怎樣的福音與疑惑？對人工智慧的討論離不開對人類技術發展史的回顧。如果說機器作為一種隱喻昭示著工業時代理性有序的特徵的話，那麼當人類逐漸步入後工業時代，甚而至於智慧時代的時候，也許我們不得不思考：當機器中真的出現幽靈，我們將何去何從？

最強大的力量

我們對技術這個概念並不陌生。今時今日，我們無時無刻不在使用著數不勝數的技術：從桌面上的筆記型電腦、印表機、掃瞄器，到掌中的智慧型手機、空調遙控器，再到腳下的掃地機器人……技術不僅僅以有形的方式存在，也以我們看不見摸不著的形式影響著我們的生活，比如搜索引擎背後的算法、不同的數碼音樂制式、基因工程等。

然而，如果要讓我們對「技術」一詞下個定義的話，這並不是一件簡單的事情。《漢語大詞典》對技術一詞有三個解釋：

①技藝、法術；

②知識技能和操作技巧；

③文學藝術的創作技巧。

《大英百科全書》的解釋則是：「關於製造和做事的技藝的系統性研究以及手段的總和。」顯然這些標準卻含糊的解釋並沒有太多的指導意義。

如果我們把目光擺脱詞典式的標準化定義，關於技術這個名詞，我們會找到更多有意思的註解。古希臘語中的「techne」是藝術、技能、工藝的意思；亞里斯多德（Aristotle）在《修辭學》中將 techne 與意為詞彙、言論或文化的後綴「logos」連在一起，得到新詞「technelogos」，成為今天技術（technology）的前身。遺憾的是，亞里斯多德並未給該詞彙提供任何解釋。一直到了一八〇二年，德國哥廷根大學經濟系教授約翰·貝克曼（Johann Beckmann）感受到將實用技藝系統化傳授給學生的必要性，於是編寫了一本名為《技術指南》（*Guide to Technology*）的教材並開設相關課程，於是，被人類遺忘了很久的古老詞彙才重新復活。

作為實踐與器件（components）的集成（assemblage），技術通常是透過技術體（bodies of technology）展示出來的（亞瑟，2014）。比如基因的技術是以實實在在的馬鈴薯、大豆和鮭魚的技術體體現的，沒有後者，作為普通人的我們是無從得知這樣一種技術正在對我們的生活發生具體而深刻的影響的。當然，因為本書並非一本探討技術層面的著作，我在此對技術與技術體並不加以嚴格的區分。

儘管技術的重要性不言而喻，但是它長期被籠罩於其孿生姐妹「科學」的陰影之下。科學因其前瞻性、系統性而被賦予更多的權重。長久以來，公眾對科學以及科學研究者抱以極大的尊重，而對技術工作者重視不夠。從事技術工作的人多是一線技術人員，經濟社會地位不高。即使是工程師，很大程度上也是沒法跟科學家相提並論的。這種對技術的輕視，直接的後果之一就是導致「技術學」，即對技術發展的系統研究的缺失（亞瑟，2014）。

由於種種原因，中文中科學與技術常常被合二為一稱為「科技」，進而又用科技這個詞替代技術。比如技術思想家凱文．凱利那本著名的 *What Technology Wants* 就被翻譯為「科技想要什麼」，而非「技術想要什麼」。我認為，這是一種混淆的做法，並非好的選擇。儘管科學與技術常常以一枚硬幣的兩面出現，但有必要將兩者區分開來。

關於科學與技術共生而獨立的關係，首屈一指的技術思想家兼經濟學家布萊恩．亞瑟（Brian Arthur, 2014）在其著作《技術的本質》中做過頗為優雅簡潔的描述：「科學和技術是兩個不同的概念。科學建構於技術，而技術是從科學和自身經驗兩個方面建立起來的。科學和技術以一種共生方式進化著，每一方都參與了另一方的創造，一方接受、吸收、使用著另一方。兩者混雜在一起，不可分離，彼此依賴。」（p.68）

在與科學的相生相長之間，技術越來越展現出對人類社會的巨大影響力。科技觀察家凱文．凱利就認為技術是「世上最強大的力量」。為此，他不止一次在著述中引用美國歷史學家林恩．懷特（Lynn White）對歷史上的技術的觀點：「中世紀中後期主要的輝煌不在於那些大教堂，不在於其史詩般的文學作品，也不在於其經院哲學。它的輝煌在於，這是史上首次建立在非人力基礎上，而不是奴役和骸骨之上的高等文明。」布萊恩．亞瑟也表示：「我們一直以為技術是科學的應用，但實際上卻是技術引領著科學的發展（亞瑟，2014，p.45）。」

這種過於拉高技術地位的觀點我們其實並不陌生。在解釋社會現象與趨勢的諸家學說中，技術決定論（technological determinism）屢屢以其石破天驚般的斷言吸引世人的目光。技術決定論認為技術是社會變遷的動力，足以支配人類社會的發展。不論是以奧格本（Ogburn）學派為代表的強（hard）技術決定論，還是以雅克．埃呂爾（Jacques Ellul）為代表的溫和（soft）技術決定論，持技術決定論觀點的學者均認為技術具有自身的特定規律與自主性，並能導致社會變遷。其中最著名的觀點莫過於卡爾．馬克思（Karl Marx）的論斷：「手工磨產生的是以封建主為首的社會，蒸汽磨產生的是以資本家為首的社會。」至於那句著名的「媒介即資訊」則反映出加拿大傳播學家馬歇爾·麥克盧漢（Marshall Mcluhan）對媒體技術的樂觀——媒體技術改變了人類自身及其生存的社會結構。

人的延伸

技術為何存在？這個問題的答案固然可以從外界因素進行探究，也未嘗不能從人類自身找到答案。仔細檢查人類的生理條件，我們會很失望地發現人類的身體並無任何「過人」之處。從視覺上說，人類的視力極限是非洲馬賽人擁有的六點零，也就是能看到十公里外的物體；而鷹的視力會比一般人類好上七八倍。從聽覺上說，飛蛾與蝙蝠的聽覺比人類的都靈敏很多。這樣的比較可以拓展到力量、奔跑速度、嗅覺等一長串的技能，而人類都毫無優勢可言。當然沒必要把這當成一個悲劇。心理學家阿爾弗雷德·阿德勒（Alfred Adler, 1969）就堅信器官卑劣是上帝賜予整個人類物種的天賦，因為這種卑劣激發起自卑的主觀感受，進而成為人類趨向完善的原動力。如果沒有先天趨向完美的傾向，兒童不會感到自卑；而如果沒有自卑感，人也永遠不會設立成功的目標，更不用說實現成功。

仔細羅列出人類既有的發明創造，不難發現它們共同的特點：作為對人的延伸。我們步伐不夠敏捷，所以我們發明汽車飛機代步；我們肌肉不夠強壯，所以各種鑽探機、挖掘機大行其道；我們聽覺不夠靈敏，好在我們有各種擴音設備……長久以來，技術之於我們，是加強天性的工具。幾百年前，顯微鏡鏡片發明者羅伯特·胡克（Robert Hooke）有感於鏡片改善人類的視覺，指出：「人們會用機械發明去改善人的其他感官的能力：聽覺、嗅覺、味覺、觸覺。」（芒福德，2009，p.45）幾百年後，加拿大傳播學家麥克盧漢一語中的：媒介是人的延伸。

技術固然沿著自己的規律在前行，其進化進程也受到了人類需求的直接影響。傳播學家麥克盧漢（2015）曾提出「感官比例」的概念並指出，越是符合人類天然的各種感官的需求的媒體技術越是容易被人所接受。以電腦的輸入輸出設備為例，傳統的鍵盤與滑鼠雖然有效，但是終究不如觸控螢幕來得自然。而如果輸入輸出可以在任何自然狀態下，透過我們的視覺、觸覺以及簡單動作來完成，那將會比單純使用手指敲打鍵盤來得順暢。今天這樣的技術已然實現，麻省理工學院媒體實驗室普拉納夫．米斯特里（Pranav Mistry）發明的第六感技術，透過四個套在手指上的彩色標記環、一個小型鏡頭、一部攜帶式投影機和一台筆記型電腦，就可以透過簡單的動作完成資訊的獲取。比如你可以用手指做出一個取景框的動作，拍攝即在瞬間完成，而無須任何按下快門鍵的操作。如此一來，資訊的輸入輸出不再受限於實體螢幕，電影《關鍵報告》中的感應技術已經在現今社會實現。

今天，其實我們的大腦本身也處在與技術接壤的地帶。人類的大腦被稱為一台複雜的並行處理器。人的大腦約有一千億個神經元，每個神經元由細胞體、軸突和樹突組成。細胞體是中心，負責資訊交換；軸突是傳遞者，負責神經元之間的資訊傳遞；樹突則負責收集來自其他神經元的資訊。雖然與人的其他器官相比，大腦並無本質的特殊之處，其神奇的機能卻是目前最難以理解的科學課題之一。即便如此，科學家們還是借用身體意象（即大腦對觸覺資訊主動產生的觀點）的概念，對工具改變身體意向的可能性進行探索，獲得了令人鼓舞的成果。未來，我們有可能依靠尖端的感測技術，感受到千里之外的場景（尼科萊利斯，2015）。果真如此，機器就不僅僅是我們身體的延伸，而是確確實實成為我們身體的一部分。凱文．凱利甚至不無深情地讚歎到：「當我們創造和使用技術時，我們實際上參與了某個比我們自身更大的事件。我們擴展著創造生命的那同一種力量，加快向未來進化的速度，我們增加著一切的可能性。」（2012, p.67）

身體意象

一九一一年，英國神經學家亨利・海德（Henry Head）和戈登・霍姆斯（Gordon Holmes）發現感覺運動系統皮質層受損的病人會出現不正常的觸覺。因此他們提出：「每一個新姿勢或動作都被記錄在具有可塑性的意象中。皮層活動會將每一組新穎的感覺都納入意象的關係之中。」這個過程就如同「計程車計費表如何將已經走過的距離轉化成錢數」。對此現象，腦機介面研究先驅米格爾・尼科萊利斯在其著作《腦機穿越》中有詳盡的描述。

當然，始料未及的是，技術並非僅僅延伸了我們不夠完美的軀體，也帶來集體的身份危機。基改物種、複製動物、大腦植入、機器外骨骼，電子人 cyborg（又被譯為賽博格或生化人）……這些新技術的出現會每每革新我們對自身的認識。如果說我們尚且可以認為一個進行人造耳蝸種植的人還是純粹的人的話，那麼如果他／她的眼睛是人造的呢？如果他／她所有的感覺器官都是人造的呢？如果他／她裝有義肢呢？甚而至於他／她的大腦是人造的呢？我們該如何劃分人與非人的界限？究竟是天生的部分佔七〇％、八〇％，還是九〇％才算是人類？

二〇〇八年的北京奧運會上，南非著名殘疾運動員，號稱「刀鋒戰士」的奧斯卡・皮斯托瑞斯（Oscar Pistorius）申請使用義肢與腿腳完好的運動員賽跑。然而他最終沒能獲得參賽資格，因為他的兩條義肢被認為更具有競爭優勢[1]。我們能接受裹著鯊魚皮泳衣的游泳名將麥可・費爾普斯（Michael Phelps），卻又為何把皮斯托瑞斯拒之門外？

傑容・藍尼爾（Jaron Lanier）在著作《別讓科技統治你：一個矽谷鬼才的告白》（*You Are Not a Gadget: A Manifesto*）中表達出這樣的憂慮：隨著科技的進步，人類會逐漸偏離人類的軌道而變得越來越像機器（2010）。當

1 拒絕皮斯托瑞斯的決定後來被體育仲裁法庭推翻，但皮斯托瑞斯最終沒能參加二〇〇八年的北京奧運會。然而四年後，他如願取得了二〇一二年倫敦奧運會的參賽資格，這也讓皮斯托瑞斯成為了奧運會歷史上第一位雙腿截肢的運動員。

然，這樣的論調帶有過多人類至上主義的痕跡。如同科幻作家菲利普·狄克（Philip Dick）一遍遍在作品中展示的兩大主題一樣，人類也在不斷質問著同樣的問題：什麼是現實？什麼構成真正的人類？具有諷刺意味的是，近年來備受科幻劇影迷推崇的瑞典劇以及改編的英劇《*Humans*》直接引用狄克的主題，探討的卻是人工智慧的話題。難道相比人類而言，機器人更符合「真正」的標準嗎？

機器的隱喻

牛頓三大定律的提出，猶如一道犀利的閃電劃過漆黑的長空，給人類文明帶來深刻的影響。這樣的影響不僅體現在之後的科學與技術的發展上，也體現在之後三百餘年人類對整個宇宙的認知上。如艾薩克·牛頓（Isaac Newton）本人所描述的那樣：天體之所以會運動，是因為上帝創造了萬物以後，也設定了各種自然規律，比如運動定律等；上帝先把它們一推，然後天體就按「動者恆動」的定律一直運動下去，事物就按照自然規律和概率順其自然地發生；於是乎上帝不再做任何事情。如此的精準，如此的規律，也如此的機械。世人把牛頓的這種世界觀稱為「機械宇宙觀」或「鐘錶宇宙觀」。

儘管之後三百年的時間裡，並非人人都持有這種機械宇宙觀，但是整個文明世界陷入一種對技術、機器和純秩序的漫長迷戀之中（亞瑟，2014）。整個宇宙被看作是一個複雜的機械系統，「這個系統是按照一些基本原則，例如慣性和引力，由在無限的不確定的空間中運動的物質的粒子所組成，並且這個系統是可以透過數學來加以詳審細察的」（塔納斯，2007，p.300）。於是，理智取代了情感，邏輯取代了熱情，控制取代了無序，新的時代精神將理性與規則打上了重重的著重號，並在人類生活工作的各個領域與層面滲透。機器，無疑是這種精神的象徵。

根據德國工程師弗蘭茨·呂羅（Framz Reuleaux）的經典定義，機器是「由一系列在力的作用下才運動的物體組成，人們可利用自然界的力量透過這些物體作功，完成特定的運動」（芒福德，2009，p.11）。不論是工廠中鋼鐵鑄成的龐然大物，還是人工智慧科幻美劇《疑犯追蹤》（*Person of Interest*）中亦正亦邪的超級智慧「機器」（the machine），機器的含義已經不等同於技術。比如，著名哲學家馬丁・海德格爾（Martin Heidegger）就將技術與機器畫上了不等號，他認為技術是一種解蔽方式，即用於展示真理或事物本質的一種方式（海德格爾，2011）。於是，儘管不少人對工業社會進行了諸多反思，但仍然不妨礙現代人對機器發自內心的認同感，因為它們寄託了人類對精準、有效和誠實精神的無限嚮往。

然而，違背這些精神的反而是人類自己。人類盲目、衝動、傲慢、虛偽……這些根深蒂固的毛病往往讓人捶胸頓足。究其原因，心理學家早已告訴我們，人類不是百分之百的理性動物。理性之外，人類還有情感。衝動是魔鬼，在此同樣適用。但換言之，這恰恰是因為人類具有「心」，我們的肉體並不能時時反映出精神的狀態。信奉「我思故我在」的勒內・笛卡兒（Rene Descartes）構建出一個獨立於物質世界的精神世界，兩者相互獨立、互不相干。對人類這樣精神與肉身緊密結合的聯合體，笛卡兒的身心二元論實際上是割裂了精神與肉體的千絲萬縷的聯繫，反而讓我們對人類的心智問題無所適從。

如果說笛卡兒的身心二元論反映出機器時代的人類對世界的偏執狹隘的認知的話，那麼人類文明發展至今日，越來越彰顯凌亂豐富的生命力。人類的心智，也在一點點被撥開神秘的面紗。在一九四九年出版的著作《心靈的概念》（*The Concept of Mind*）中，牛津大學哲學家吉爾伯特・賴爾（Gilbert Ryle）駁斥了笛卡兒的身心二元論：他認為身體和心靈並無二致，精神和行為其實是一回事。他指出，笛卡兒犯了一種「範疇錯誤」，將心靈看作一隻被禁錮於肉身中的幽靈，即後人常說的「機器中的幽靈」（ghost in the machine，賴爾，1992）。

如果說機器作為一種隱喻昭示著工業時代的理性有序的特徵的話，那麼當人類逐漸步入後工業時代，甚而至於智慧時代的時候，也許我們不得不思考：當機器中真的出現幽靈，我們將何去何從？

參考文獻：

[1]Adler A.The Science of Living [M].New York: Anchor Books, 1969.

[2] Lanier J. You Are Not a Gadget: A Manifesto [M].New York: Knopf, 2010.

[3] Ryle G.The Concept of Mind [M].London: Routledge, 2009.

[4] 布萊恩・亞瑟・技術的本質：技術是什麼，它是如何進化的 [M]. 曹東溟，王健，譯・杭州：浙江人民出版社，2014。

[5] 劉易斯・芒福德・技術與文明，陳允明，王克仁，李華山，譯・北京：中國建築工業出版社，2009。

[6] 米格爾・尼科萊利斯・腦機穿越：腦機接口改變人類未來 [M]. 黃玨蘋，鄭悠然，譯・杭州：浙江人民出版社，2015。

[7] 麥克盧漢・理解媒介：論人的延伸 [M]. 何道寬，譯・南京：譯林出版社，2015。

[8] 凱文・凱利・技術元素 [M]. 張行舟，余倩，周峰，等譯・北京：電子工業出版社，2012。

[9] 海德格爾・技術的追問 [M]. 劉大椿，劉勁楊，譯・科學技術哲學經典研讀・北京：中國人民大學出版社，2011：104127。

[10] 理查德・塔納斯・西方思想史：對形成西方世界觀的各種觀念的理解 [M]. 吳家嬰，晏可佳，張廣勇，譯・上海：上海社會科學院出版社，2007。

第二節
智慧與人工智慧

當智慧與機器兩個看似毫不相干的概念碰撞在一起的時候，可能撞擊出的是人類歷史上最偉大的發明，也可能是人類歷史上最後一個重大發明。弗洛里迪將這一次的變革稱為繼哥白尼革命（日心說的提出）、達爾文革命（進化論的提出）以及佛洛伊德革命（精神分析法的誕生）之後人類自我認知的第四次革命。這次革命中，我們能否越過語言的侷限，直逼交流的終極目的——有效的思想交換？

交流的玩伴

儘管有著上萬年的漫長進化歷程，人類依然像個孩子一樣好奇於與其他智慧形式進行交流。近代科學誕生以前，人類有限的想像空間裡只能容下源自地球的智慧形式，比如動物。因為人類的動物性，使人與動物的交流發生得似乎自然而然。比如伊甸園裡，亞當與夏娃可以毫不費力地與一條蛇對話。儘管現實中的交流來得遠沒有神話故事裡那麼順暢，但並不妨礙人類充滿熱情地積極破譯動物交流的密碼（彼得斯，2003）。進而超自然力量，甚至鬼神等都具有了情理之中的血肉之軀。《西遊記》裡各種動物進階後修煉成的精，就是一個明證。

當人類的思維突破上帝的囚籠之後，人類把目光轉向外太空，期望能在遙遠的某個星球上找到交流的對象。人類如此執著並心懷善念，以至於人類頻頻發出投向外太空的交流信號。即使到了現在，這樣執著的熱情依然不減。2015 年最轟動的兩則科技新聞莫過於拍攝到冥王星的清晰照片和在火星表面發現水的痕跡，人類關於外太空生命的想像得到進一步激發。

地球之外的生命遙不可及，因此，自信的人類從未放棄過對人造智慧體的追求。如果說從西周時代「勾引挑逗」王之美人的機器人「能倡者」(見《列子‧湯問篇》)，到春秋時期魯班造出的「三日不下」的木鳥（見《墨經》)，到三國時期的木牛流馬（見《三國演義》)，到李奧納多·達文西（Leonardo da Vinci）的機械騎士[2]，到法國工程師雅卡爾‧德‧沃康桑（Jacques de Vaucanson）的長笛演奏者[3]，再到瑞士造錶師雅克‧德羅（Jaquet Droz）的小寫手[4]，這些嘗試還著眼於彌補或增強人類能力的範疇的話，那麼從二十世紀中葉開始的人工智慧之旅，就在創造一種嶄新智慧的道路上愈行愈遠了。而後者，如控制論之父諾伯特‧維納（Norbert Wiener）所言，與之前的機械技術有著根本的不同，它將改變遊戲規則，開啟新時代，甚至最終造成社會結構的撕裂。

2 李奧納多· 達文西利用他在人體結構方面的知識設計了一個人形機械人。這個機械騎士可以坐下、揮臂，頭部可以移動，嘴巴可以張開閉合。一九五〇年代有人按照李奧納多· 達文西的原始草圖製造出這個機器人。

3 這個人形機械可以演奏十二支曲目，包括布拉維的《夜鶯》。

4 這個人形機器人模仿小男孩伏案寫作的樣子。機器啟動後由齒輪驅動，一次可以書寫多達四十個不同尺寸和大小的字母。

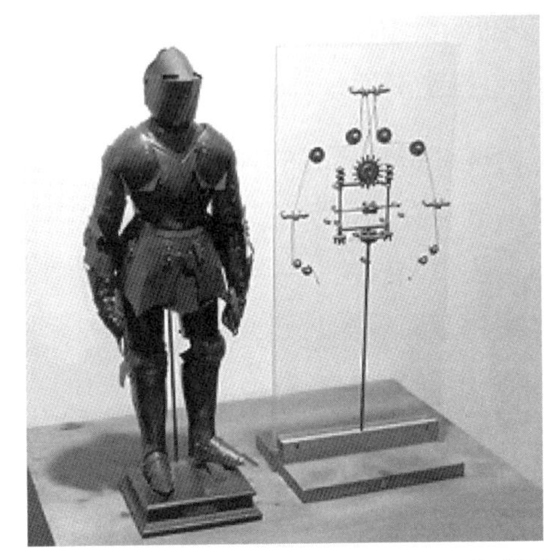

圖 1-1　李奧納多· 達文西的機械騎士及內部模型組件

智慧決定交流

開始人工智慧的討論之前，我們還是把目光投回人類自身，看看智慧到底是什麼吧。哈佛大學心理學教授霍德華・加德納（Howard Gardner）在三十多年前的著作《智慧的結構》（*Frames of Mind: The Theory of Multiple Intelligences*）中提出了著名的多元智慧理論，即人類的智慧由多種智慧構成，它們分別是：語言智慧、音樂智慧、邏輯一數學智慧、空間智慧、身體動覺智慧、人格智慧和自省智慧（Gardner, 1985）。加德納明確指出，智慧取向具有明顯的文化差異。過度強調邏輯一數學智慧是西方文明的特點，這一點從古希臘文化中使用「理性」一詞來稱呼智慧就可見一斑。伊曼努爾・康德（Immanuel Kant）（2004）在《純粹理性批判》中也認為，人類智慧關鍵的一系列問題包括時間、空間、數字和因果關係的基本範疇。

遵循西方文明的學術傳統，不少學者對智慧給出了更方便的解釋。H・A・凡帝來（H. A. Fatmi）和 R・W・揚（R. W. Young, 1970）認為智慧是在混亂中發現秩序的能力。藉助智慧，人們能夠對有限的資源（包括時間）進行最優化，以達成各種目標（庫茲韋爾，2016）。愛因斯坦則詩意地認為：「智慧的真正代表的不是知識，而是想像。」

其他文明對非邏輯理性智慧形式的強調往往讓浸潤在西方文明傳統下的人們驚詫不已。加德納就曾在《智慧的結構》一書中引用過幾位人類學家的觀察，包括尼日利亞人的舞蹈技能，新幾內亞人的游泳潛水技能，以及峇里島人對身體關節肌肉的大量鍾煉等，這些都無一例外地反映出非西方文化下對身體動覺智慧的推崇（1985）。我們不妨想像一下，擁有不同智慧形式的人的相遇將是何等有趣的情形？飽受現代科學訓練的人來到新幾內亞灣，卻連基本的求生技能都沒有，最後只能淹死在海上。而傳統的尼日利亞人來到西方世界，發現這裡的人連起碼的舞蹈對話都不會，將如何交流？

讓我們再來看看交流。

稍微瞭解一點進化歷史的人，都會不得不由衷讚歎語言誕生的意義。因為語言，人類的思想得以表達，情感得以抒發，知識得以傳承，文化得以構建。生物學家約翰．梅納德史密斯（John Maynard-Smith）和厄爾什．紹特馬里（Eors Szathmary, 1997）追尋四十億年生命的歷程，歸納出八個生物組織中的重大改變，其中包括從無核細胞到有核細胞，從無性繁殖到有性繁殖等。其中語言的出現是自然界中最後一次重要轉變，即從靈長類社群到以語言為基礎的社群。至此，人工世界中也出現了第一次的轉變。再之後，從口述歷史到書寫歷史，從手稿到印刷，從書本中的知識到科學方法，從手工製造到大量生產，從工業文化到無處不在的全球通信業文化也就順理成章了（凱利，2010）。

透過一個簡單的對照，大家可能會更清楚地看到語言在交流與文化塑造上的重要性。海豚是一種非常聰明的動物，其腦容量非常之大。然而，在漫長的進化過程中，海豚並沒有發展出文明。大概是因為海洋的環境使海豚留不下任何記錄，不能藉助語言把知識與經驗傳遞給後代（松尾豐，鹽野誠，2016）。

在語言賦予人類優於其他地球生命的能力的同時，語言也給我們的交流套上了無形的枷鎖。哈佛大學語言學家及認知心理學家史迪芬・平客（Steven Pinker）毫不客氣地指出：「語言是一種損失（lossy）的介質，因為它丟掉了關於體驗的那部分穩定的、多維度的結構資訊。」（2015, p.322）。相似地，傳播學家也早已指出，人類的交流只有不到一半的資訊是透過語言來完成的，超過一半的資訊則是透過語調、表情、肢體動作等非語言方式來傳播的。然而即便如此，我們依然每每對語言的功能執著不已，而遺忘了交流的初衷。於是，各種語言修辭技法大行其道，各類隱喻新詞層出不窮，反而容易造成交流雙方的理解錯位。海德格爾（2000）更是直言不諱：交流不可能是觀點和願望從一個主體到另一個主體的內心傳遞，而是我們用解釋性的話語投身於一個與人共享的世界。就如《聖經》警告世人的那樣：「你們的話，是，就說是；不是，就說不是；若再多說，就是出於那邪惡者。」

語言發展了人類的心智。心理學家透過核磁共振等神經影像技術比較識字者與文盲的大腦時發現，兩者的大腦活動方式有諸多不同。在測量他們的腦波，用一連串認知能力測驗對他們進行測試之後，心理學家得出結論：閱讀和書寫技能的獲得改變了腦組織結構……不僅在語言上，在視覺感知、邏輯推理、記憶策略和條理性運籌思維上都是如此（凱利，2012）。哲學家丹尼爾・丹尼特（Daniel Dennett）讚言道：「在思維設計的歷史上，再沒有更令人振奮、更重大的一步，能比得上語言的發明。智人受益於這項發明，從而發生了飛躍式的進步，超越了地球上的所有其他物種。」而人類智慧又被創造性地運用在社會群體活動中，包括語言的豐富與發展。群居的人類需要能夠預料出其他個體可能發生的行為，計算出投入與產出的比例，並對自己的行為負責。只有具備足夠認知能力的智慧體才能做到群體裡的嫻熟自如（漢弗雷，1976）。因此，我們很難說清，在語言與智慧的相互促進上，孰為因孰為果。

儘管人類具有與生俱來的社交屬性，但長期囿於諸多的限制，不同智慧結構的人群得以充分交流的機會並不多。一直到了工業文明開始之後，全球範圍內的人口流動，才真正開啟了跨文化、跨種族、跨不同智慧結構的交流，這也不過短短幾百年的歷史。而與非人智慧形式的交流，人類的經驗依然少得可憐。然而，在全面進入人工智慧時代之前，我們需要問這樣一個問題：不同的智慧形式，是否交流方式也會不同？這個問題是在人工智慧與人類智慧不同的前提之上提出的，所以，我們有必要先沿著人工智慧的發展足跡，審視一下這樣一種新的智慧形式。

人工智慧：全新交流對象的崛起

當智慧與機器兩個看似毫不相干的概念碰撞在一起的時候，可能撞擊出人類歷史上最偉大的發明，也可能是人類歷史上最後一個重大發明。弗洛里迪（Floridi, 2014）將這一次的變革稱為繼哥白尼革命（日心說的提出）、達爾文革命（進化論的提出）以及佛洛伊德革命（精神分析法的誕生）之後人類自我認知的第四次革命。這次以英國人艾倫．圖靈為先行者的「圖靈革命」消除了人類獨一無二的錯誤觀點，我們主動或被迫開始擁抱這樣一種觀點：人類不過是擁有資訊的一種智慧體而已，人工智慧完全可以與人類共享這些資訊。

首先，讓我們簡單回顧一下人工智慧短短的發展歷史吧。

每個領域開始之初，在後續的大部隊源源不斷地湧進來之前，荒蕪的處女地上，開拓者總是寥寥無幾。所以當我們談論一個領域的開端的時候，更多的時候我們是在談論為數不多的幾個人的故事。人工智慧領域也是如此。

人工智慧領域的早期發展是和一個人的命運緊緊相連的。這個人就是艾倫．圖靈。一九三六年，年僅二十四歲的英國劍橋大學研究員圖靈發表了一篇名為「論可計算數及其在判定問題上的應用」（*On Computable Numbers, with an Application to the Entscheidungs Problem*）的論文，提出一種計算機器（Computing Machine）的模型，在這種模型中，透過最基本的狀態、位置、讀出、寫入等模組就可以搭建出複雜的過程。換而言之，這種機器能執行等價的人類認知心理活動，能夠代替人類計算者（「computer」最初的含義是人類計算者，而非今天我們所說的電腦），從而讓電子的大腦成為可能。

圖靈機的構想迅速在大西洋兩岸激起波瀾。普林斯頓高等研究院的數學家約翰・馮・諾依曼（John Von Neumann）嘗試構建一台以電子速度運行的通用圖靈機，透過一個 32×32×40 的矩陣為隨機存取記憶體來模擬出任何運算過程。同時，大西洋另一端的圖靈也在率領他的團隊實現他的通用機器的想法（同期還有其他幾個團隊在進行類似的嘗試）。

第二次世界大戰的到來，英美的先後參戰，使得圖靈機立即有了用武之地。圖靈和馮・諾依曼分別效力於英美軍方，幫助破譯敵對國的密碼情報。從不吝嗇對個人英雄主義讚美的好萊塢將圖靈利用他的機器破譯德軍密碼的故事搬上大螢幕，這部名為《模仿遊戲》（*The Imitation Game*）的電影斬獲第八十七屆奧斯卡金像獎多項提名和最佳改編劇本獎。

第二次世界大戰結束之後，數位計算的研究項目繼續進行。一九四六年，第一台全自動通用數位電子計算機「電子數位積分計算機」（Electronic Numerical Integrator and Computer, ENIAC）在賓夕法尼亞大學誕生，用來處理的第一個問題就是當時美國正在研製的氫彈的問題。一九五〇年問世的「離散變量自動電子計算機」（Electronic Discrete Variable Automatic Computer, EDVAC）則實現了馮・諾依曼使用二進制和存儲程式的設想。在之後，電腦的發展依然沿著最初的基本構想進行。這種以分層存儲器、控制元件、中央處理器以及輸入／輸出通道為功能元件的結構，我們今天仍然稱之為「馮・諾依曼體系結構」。馮・諾依曼當之無愧地被稱為「電腦之父」，雖然如他本人所言「基本概念要歸功於圖靈」。而圖靈的命運則起起伏伏，最終走上開創人工智慧領域的道路，成為「人工智慧之父」。

一九五六年的達特茅斯會議上，約翰・麥卡錫（John McCarthy）正式提出「人工智慧」（artificial intelligence）的名字，這個領域才正式被確立。因為這次會議的推動，人工智慧領域迎來了第一個春天：機器人 Shakey 的誕生，聊天機器人 ELIZA 的問世……人類對人工智慧抱以很高的期望。然而，當年的預想與實際技術的脫節，使得這個泡沫迅速破滅，人工智慧開始備受冷落。一直到了一九八〇年代早期，藉助第五代電腦技術的發展，人工智慧重新崛起，但是僅僅持續了不到十年時間又變得黯淡無光。

圖 1-2　坐落於上海交通大學校園裡的艾倫・圖靈銅像
（設計者為上海交通大學孔繁強副教授）

然而，伴隨著技術的不斷進步，人工智慧領域的冰雪也在慢慢融化。近幾年來，人工智慧技術在大數據的獲取、神經網路算法的優化以及平行計算的廉價化三大前提下得到了迅猛發展（凱利，2016）。現階段，人工智慧與人類各有優劣：機器更加理性和善於分析，擁有百科全書般的資訊儲備和龐大的運算能力，但同時也像個「聰明的白痴」，「在所有需要『思考』的地方成功，卻在人與動物不需要思考的領域失敗」〔電腦科學家唐納德・克努特（Donald Knuth）語〕。而人類尚在專業知識、判斷力、直覺、移情、道德準則和創造力方面領先一步。

那麼未來呢？關於人工智慧威脅人類未來的言論甚囂塵上。博斯特倫在著作《超級智能》中詳盡闡述了智慧大爆發後的災難性後果（2015）。一旦超級智慧出現，它將在無限制獲得決定性戰略優勢的道路上徹底清除絆腳石，尤其是人類。如果果真如此，那麼流行科幻美劇《疑犯追蹤》（*Person of Interest*）中邪惡的超級人工智慧撒瑪利亞人（Samaritan）對人類展開的清除活動將不僅僅停留在影視作品中。即便人工智慧按照人類的意圖行動，不可預期的反常目標實現方式也可能帶來惡性的災難。比如為了實現讓我們高興的最終目標，人工智慧可能會在我們大腦中負責快樂的中樞部位植入電極，讓我們數位化體驗到快樂。

與這樣具有強烈末世救贖啟示錄的觀點相對應的，是以雷・庫茲韋爾為代表的人工智慧福音派，廣為宣傳人工智慧，尤其是強人工智慧給人類帶來的種種福音。連日本人工智慧學會的成員也儼然分成了地球派和宇宙派的兩方，前者堅定人工智慧服務於人類的立場，後者則認為人類原本就是為了製造人工智慧而存在。

這樣的兩派之爭並非始於現在。早在人工智慧發展伊始，領域裡就形成了人工智慧（Artificial Intelligence, AI）與智慧增強（Intelligence Augmentation, IA）兩大陣營（馬爾科夫，2015）。以人工智慧概念的提出者約翰・麥卡錫為首的 AI 陣營積極模擬人類的能力；而以道格拉斯・恩格巴爾特（Douglas Engelbart）為代表的 IA 一派則堅信電腦應該被用來加強和擴展人類的能力，而不是取代或模仿這些能力。

造成兩派之爭的原因除了是在關於人類終極地位的價值體系中存在差異之外，還反映出對這種嶄新而陌生智慧體的不確定性所帶來的恐懼。對普通人而言，智慧是我們看不到摸不著的部分，我們只能看到冷冰冰的機器外表。我們的潛意識裡依然流淌著對非血肉之軀的機器的不信任。人類在習慣了與血肉之軀交流的上萬年之後，突然面對一個嶄新的毫無任何生命體徵的交流對象，難免會無所適從。正如圖靈所說：「要判斷一樣事物在多大程度上以智慧方式運轉，不僅受判斷者主觀心智與閱歷的影響，也會受判斷對象的客觀屬性左右。」人類尚未調整好自己的認知，以開放的心態面對這個正在崛起的全新交流對象。我們對人工智慧心懷恐懼，是否也是源自人類對自身不完美的自卑呢？

不管我們願不願意，人工智慧這個交流對象已經開始全面進入我們的日常工作與生活。這樣一個全新的交流玩伴毫無疑問會帶來交流方式的改變。本書將沿著這個方向，在第二章中，從交流模式的各個方面提出更具體的人機傳播面臨的問題。

參考文獻：

[1]Maynard-Smith J, Szathmary E.The Major Transitions in Evolution [M].New York: Oxford University Press, 1997.

[2]Fatmi H A, Young R W.A definition of intelligence [J].Nature, 1970, 228: 97.

[3]Gardner H.Frames of Mind [M].New York: Basic Books, Inc, 1985.

[4] 漢弗雷．智慧的社會功能：性格形成的發展點 [M]. 劍橋：劍橋大學出版社，1976。

[5] 史蒂芬．平克．思想本質：語言是洞察人類天性之窗 [M]. 杭州：浙江人民出版社，2015。

[6] 庫茲韋爾．機器之心 [M]. 北京：中信出版集團，2016。

[7] 約翰．馬爾科夫．與機器人共舞 [M]. 郭雪，譯．杭州：浙江人民出版社，2015。

[8] 約翰．彼得斯．交流的無奈：傳播思想史 [M]. 何道寬，譯．北京：華夏出版社，2003。

[9] 松尾豐，鹽野誠．大智慧時代：智慧科技如何改變人類的經濟、社會與生活 [M]. 陸貝旎，譯．北京：機械工業出版社，2016。

[10] 凱文．凱利．科技想要什麼 [M]. 嚴麗娟，譯．北京：電子工業出版，2010。

[11] 凱文．凱利．技術元素。張行舟，余倩，周峰，等譯．北京：電子工業出版社，2012。

[12] 凱文．凱利．必然 [M]. 周峰，董理，金陽，譯．北京：電子工業出版社，2016。

[13] 海德格爾．存在與時間 [M]. 北京：生活．讀書．新知三聯書店，2000。

[14] 康德．純理性批判 [M]. 北京：人民出版社，2004。

02 The second chapter

第二章
傳播的模式

第一節
傳播模式

伴隨人工智慧的出現，隨之而來的是對傳播模型的革新。從表面看來，人工智慧的出現不過是引入一個新的信源和信宿。然而，人工智慧的獨特性所帶來的對人際傳播默認的基本假設帶來的衝擊很有可能引發交流觀點的顛覆。人與人工智慧交流對時間維度的改變，對對方可控性的放大，以及對資訊的無意識無批判，這些都會如同大壩上打開的細微小孔，最終引來整個大壩的決堤，進而如河流改道一樣，將人類的交流引上不同的道路。

傳播的模型

作為社交動物，除了極少的極端例子外，人類在數萬年的進化過程中很少能體會到完全與世隔絕的狀態。從遠古時代三三兩兩的狩獵部落，到今天全球的城市化進程，每個人周圍都會或多或少充斥著與之交流互動的其他人。然而，人類在交流的問題上始終感到孤獨而不滿足。如約翰・彼得斯（John Peters, 2003）在《交流的無奈：傳播思想史》一書中所表達的那樣：「交流是沒有保證的冒險」（p.259），完美的交流不過是烏托邦幻想。因為交往目的的束縛以及身體的缺場，交流往往是「交疊的獨白」。

在嘗試提升人與人交流的效果的同時，人類一直在尋找新的交流對象，比如鬼魂、超自然力量、動物以及外星人。機器作為潛在的交流對象雖然到了二十世紀後半葉才隆重登上歷史舞台，然而關於智慧機器的嘗試由來已久。如果說第一章中提到的古代機器人的製作還僅僅是從增強人類能力和理解人體構造的角度出發的工匠式的嘗試的話，那麼十九世紀愛達．勒芙蕾絲伯爵夫人（Lady Ada Lovelace）對巴貝奇分析機的解讀和拓展則投射出更加詩意的光芒。這位擁有「世界上第一位軟體工程師」光環的勒芙蕾絲伯爵夫人繼承了父親大詩人拜倫豐富的想像力，在超前一個世紀預測了機器今後將在音樂、製圖和科學研究中運用之外，她甚至還想像出一支由大量的數據構成的紀律嚴明、異常和諧的軍隊。

巴貝奇分析機與愛達．勒芙蕾絲伯爵夫人

一八一九年，英國科學家查爾斯．巴貝奇（Charles Babbage）從法國人雅卡爾（J. Jacquard）發明的提花編織機上獲得靈感設計了「差分機」，旨在把函數表的複雜算式轉化為差分運算，用簡單的加法代替平方運算。差分機反映了程式控制的理念，它能夠按照設計者的旨意，自動處理不同函數的計算過程。巴貝奇於一八二二年完成了第一台差分機，它可以處理三個不同的五位數，計算精度達到六位小數點，能演算出好幾種函數表。由於這個設計過於超前，同時代的人並沒有意識到這個設計的份量。然而，巴貝奇卻有幸獲得愛達．勒芙蕾絲伯爵夫人的幫助。這位繼承了父親大詩人拜倫的豐富想像力與母親數學才華的伯爵夫人充當起「程式設計師」的角色，為巴貝奇設計的通用數學計算機「分析機」，即後世電腦的雛形，編寫一批函數計算程式。但分析機最終沒能做出來。巴貝奇和愛達的「失敗」是因為他們看得太遠，分析機的設想超出了他們所處時代至少一個世紀。幸運的是，他們留下了三十種不同設計方案，近兩千張組裝圖和五萬張零件圖。一九九一年，為紀念巴貝奇誕辰兩百週年，倫敦科學博物館根據這些組裝圖製作了完整差分機，它包含四千多個零件，重二．五噸。愛達．勒芙蕾絲伯爵夫人也被譽為「人類歷史上第一位程式設計師」。

伴隨現代人工智慧的出現，隨之而來的是對傳播模型的革新。一九四九年，克勞德．香農（Claude Shannon）和沃倫．威沃（Warren Weaver）在《傳播的數學理論》（*The Mathematical Theory of Communication*）這一資訊論的基石之作裡提出了傳播的基本模型「香農威沃模型」（如圖 2-1 所示）。在資訊傳播過程中，資訊從信源出發，經編碼後變成信號，經過信道，在經譯碼還原到達信宿，信宿再回饋給信源。當然其中少不了干擾（噪聲）的存在。

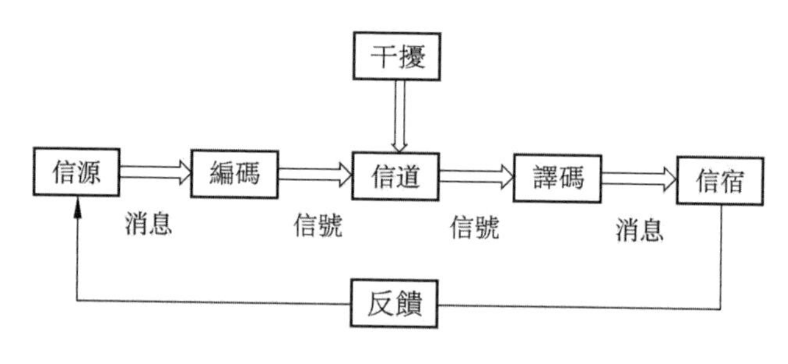

圖 2-1　香農威沃模型

（Shannon, Weaver, 1971）

傳統的傳播過程中，信源和信宿均為人。從表面看來，人工智慧的出現不過是引入一個新的信源和信宿。然而，人工智慧的獨特性帶來的對人與人交流默認的基本假設的衝擊很有可能引發交流觀點的顛覆。人與人工智慧交流對時間維度的改變，對對方可控性的放大，以及對資訊的無意識無批判，這些都會如同大壩上打開的細微小孔，最終引來整個大壩的決堤，進而導致河流改道一樣，將人類的交流引上不同的道路。

時間

傳播學研究者比誰都清楚：資訊傳播是一個過程，而非一時的狀態。一位學者甚至把這句話作為她的電子郵件簽名檔，用來提醒她自己和同仁，當下的傳播學研究是如何忽略了這一基本事實。然而，作為社會科學研究者，我們比誰都清楚，一個跨越時空的過程是如何難以測量。我們不可能把受試者關在實驗室裡十天半個月，反覆拷問他們的社會行為；問卷的回答者往往很快就不知所蹤，一時的實驗刺激造成的長期效果我們無從測量。所以，我們通常能做的僅僅是憑藉一個時間截面上的狀況來預測未來。

即便如此，傳播學研究者依然在突破研究方法的侷限，提出長時間維度下的人際傳播模型，其中以馬克．克納普（Mark L. Knapp）提出的關係模型（Knapp's Relationship Model）為代表（Knapp, Vangelisti, Caughlin, 2014）（如圖 2-2 所示）。

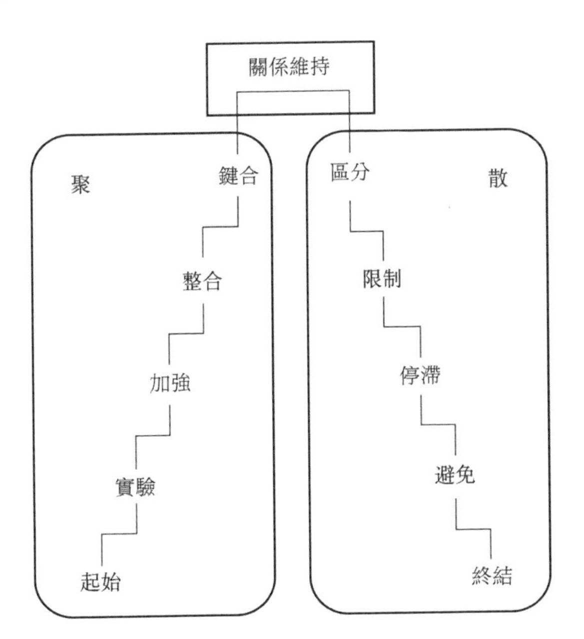

圖 2-2　克納普關係模型

克納普關係模型分成兩個部分：關係升級階段逐步經歷起始（initiating）、實驗（experimenting）、加強（intensifying）、整合（integrating）以及鍵合（bonding）五個階段；而關係惡化過程則對應地經歷區分（differentiating）、限制（circumscribing）、停滯（stagnating）、避免（avoiding）和終結

（terminating）五個階段。

試想一下一對戀人從戀情萌芽到感情破裂的整個過程：首先，他們會進入一個起始的狀態。因為彼此不甚熟悉，所以他們需要經歷一段磨合期，在彼此「實驗」試探中摸索對方的脾氣秉性。隨著雙方瞭解的加深，他們的關係也得到了進一步的加強，逐漸進入到「你中有我，我中有你」的整合階段。關係升級過程的最後階段是鍵合階段，就像一個化學分子裡的兩個原子被化學鍵牢牢綁定一樣不可分離。如果很不幸，他們的感情開始惡化的話，那麼首先他們開始脫離互相綁定的狀態，開始將自己和對方區分開來，所謂「他／她是他／她，我是我」。進而，伴侶之間很多事情開始受到限制，比如一方不陪著另一方出現在社交場合，花費開銷不再混在一起等。所以雙方的感情也慢慢進入一種停滯狀態。等到有一方開始避免與另一方的接觸，如果沒有奮起挽回的努力的話，那麼最終情感終結的情景便不可避免。

傳播這個模型的提出者克納普是在經歷一場痛苦的離婚大戰之後總結出的這個人際關係升級和惡化的模型，不可謂不是痛的領悟。

自古人類就對永生充滿了不切實際的嚮往。對生命如此，對情感亦然。山盟海誓時，最常見的誓言莫過於「我會永遠愛你」，這不過是在時間維度上的自我麻醉。去過東南亞旅行的人可能會對當地的一種舞蹈感興趣，一個個盛裝的年輕女子，用手指做出一朵蓮花從萌芽，到綻放，到全盛，再到凋零的全部過程。在佛教盛行的當地，這種傳統是古人用舞蹈的方式傳達出佛家成住壞空的觀點。的確，沒有生命可以永垂不朽，人際關係亦然。就像華人單口相聲表演者黃西（Joe Wong）關於美國離婚率的笑話一樣：「我被百分之五十的離婚率嚇著了。天啊，你想想，也就是說居然有一半的婚姻會天長地久！」無疑，這裡透露出一個資訊，時間的維度在婚姻與家庭中是不可忽視的。

十多年前一種機器寵物魚曾頗為流行。那是一種鑰匙鏈大小的玩具，其中植入程式，小巧的螢幕上會有一條電子「金魚」充當寵物。主人可以選擇給金魚餵食（當然只是程式而已），於是「金魚」會歡快的進食；有時金魚會生病，甚至會死亡，但是它總是會鳳凰涅槃般重生，所以從來不會真正地死去。我記得念大學時隔壁宿舍的一個女孩有陣子頗為迷戀她的機器寵物魚，雖然她並不能算得上一個細心周到的人，但她總能把她的「金魚」照顧得好好的。如果她不小心把「金魚」餵得過飽而撐死，或者因為沒有及時打掃「魚缸」而讓魚生病死去，她也不會難過，因為她知道，當程式重啟的時候，她的「金魚」會再一次復活。

我後來才知道，其實這樣的小玩意兒早已不新鮮。一九七〇年代末，可以互動的電腦玩具開始興起。一九九六年日本的萬代公司推出電子寵物系列拓麻歌子，又稱作寵物蛋。雖然只能透過 A、B、C 三個按鈕進行簡單操控，但因其引入的模擬飼養機制和可愛的外形而引發了世界性的熱潮。我的大學室友玩的寵物魚不過是低級版的寵物蛋而已。但即使這樣，這個電子玩具所帶來的「生死觀」的改變也非常明顯了。

一個名為「拓麻歌子的婚禮」的影片，由一位兒童使用者拍攝並上傳。透過它，你大概能夠懂得這樣的電子生命會有多大的魔力。

中國的先哲早已警告過世人：「未知生，焉知死？」然而這句話反過來也似乎成立：未知死，焉知生？因為有對死亡必然來臨的畏懼，人類才能得以對自己的行為做出必要的規劃，在各種選項之間選擇「是」與「否」。少年派在一段奇幻漂流中說，「人生到頭來就是不斷地放下，但遺憾的是，我們卻來不及好好道別」，正是這個道理。

死亡是最好的老師。「三十而立」、「金婚」這樣的概念在平均壽命不到四十歲的年代簡直是天方夜譚。在世界各地的文化習俗中，與很多對老化持負面認知的文化相比，印度文化算得上最尊重年長者的文化之一。在傳統的印度社會，年長代表著智慧的積累，這是一種值得追求的狀態；等到大限將至，老者選擇走向荒野，獨自度過人生中的最後時光。然而即使面對死亡坦蕩如斯，也會有因為大限來臨而改變的人際關係與情感。中國古話有云，人之將死，其言也善。死亡的臨近，必然會改變人的交流方式。

死亡在此處更似一個隱喻。「天下沒有不散的筵席」，這句話似乎更能貼切地反映所有人類關係的成住壞空。二〇一六年年初，哈利波特（Harry Porter）系列電影中石內卜教授的扮演者英國演員艾倫．瑞克曼（Alan Rickman）去世的消息引發了一場世界範圍的悼念活動。在世界各地的哈利波特迷齊舉魔杖向石內卜教授致敬默哀的時候，影迷對石內卜教授展開的準社會交往（para-social interaction）與瑞克曼本人變得含混不清。社會心理學家唐納德．霍頓（Donald Horton）和理查德．沃爾（Richard Wohl, 1956）告訴我們，觀影者會對螢幕上的角色產生感情，甚至單向的交流行為，即使這樣的準社會交往在外人看來是那麼的虛無縹緲。影迷對石內卜教授的情感也是如此。螢幕上的石內卜教授深情而隱忍，影迷或許會如同故事結尾的哈利波特一樣把他視為英雄。然而故事裡的石內卜教授完全對此一無所知，更不可能對這種單方面的好感作出回應。而演員瑞克曼的病逝再次激發了影迷對石內卜教授的準社會交往，因而引發對石內卜教授的懷念。此處，我無意釐清對石內卜教授和對瑞克曼的兩種不同但又有著千絲萬縷聯繫的關係，只是想藉此闡述，即使發生在觀眾與故事角色之間如空中樓閣般的準社會交往也會隨著時間流逝而變化，更何況真實世界裡的社交關係。

死亡賦予生命特殊的意義，然而未來的機器可以沒有死亡。承載著人工智慧的機器無須面對生命的生老病死。即使機器老化，也可迅速找到一模一樣的替代品。不論是與全面超越人類智慧的強人工智慧交流，還是在某些方面有突出表現的弱人工智慧交流，人類都無須面對因死亡而造成的交流者離場。當我們漸漸老去的時候，陪伴我們的機器人依然如往昔，就像電影《時空永恆的愛戀》（*The Age of Adaline*）中不會老去的艾德琳一樣。當然，我們也可以選擇它們和我們一起老去，至少是在外形上。在機器人的仿真皮膚上加入幾道皺紋應該不會比今天的整容手術來得困難。如果是一場一開始就知道不會散場的交流，作為傳播者的我們，會有何不同？

交流的可控性

無須面對「死亡」，是人工智慧這樣的交流對象的特徵之一。而這個特徵真正反映的則是另一個更大的特徵：完全的可控性。正如一個成功的演說者能夠在很短的時間內迅速判斷出觀眾的好壞程度一樣，透過幾個小小的試探，他便清楚觀眾的情緒可以被搧動的程度。如果他在說笑話的時候，觀眾仍然呆若木雞，在煽情的時候，觀眾依然面無表情，那麼他就知道，這是一群沒法掌控的觀眾。

死亡是人類無法掌控的事情之一，連同其他無法掌控的事情一樣，雖然這樣的事情正在變得越來越少。人類曾經面對天災人禍束手無策，比如江河決堤，山崩海嘯，而今天人類的技術已經使預測、控制這些事件變成可能。相對而言，由人類自身決定的部分反而顯得更加不可掌控。我們沒法決定對方完全按照你的希望和預測做出反應，因此面對一米以內的另一人，我們其實毫無可控感。這樣的不可掌控性或多或少會讓人感到絕望。

然而，正是因為每個人都是其他任何人不可掌控的獨立個體，所以我們形成了諸多社會準則。在幾乎所有的現代文明中，平等、獨立、自由都是被追求的準則。「我不認同你的說法，但是我誓死捍衛你說話的權利」，這被很多人認為是高度文明的表現。即使是那些不那麼普適的原則，也會被應用於不同文化與社會裡作為社會規範。比如人與人面對面交談時的距離。作為空間關係學的先驅之一的愛德華．霍爾（Edward T. Hall, 1963）提出，在社交場合人會運用空間進行交流。空間距離包括以下四個區域：親密關係中的親密區域通常在十八英吋內，因為便於身體接觸；十八英吋到四英呎的距離屬於私人區域，是通常個人交流的範圍；社交區域則是從四英呎到十～十二英呎，這是工作環境中的正常距離；十～十二英呎及以上則是公共區域，在這個距離內進行的交流一般比較正式。這一準則甚至從線下延伸至網路虛擬環境裡。研究者在對虛擬世界第二人生（second life）長達半年的考察後發現，面對面交往時遵循的空間準則在線上同樣透過玩家的替身（avatar）反映出來（Antonijevic, 2008）。

人類學家艾倫．費斯克（Alan Fiske）提出了一個廣義的人類社會交往理論，總結出人與人關係的四種類型與其對應的社會實踐（1991）。

第一類關係被稱為公共分享（communal sharing），簡稱集體性（communality）。顧名思義，在這種關係中，「我的就是你的，你的就是我的」。為了維繫這種關係，每個人都「心照不宣」地給出「積極面子」，以此互惠共生（mutualism）。諸多的社會團體，比如工會、讀書會、校友會等，都展示出這種公共分享的社會關係。

第二種關係類型是權威等級（authority ranking），根植於動物王國普遍存在的優勢等級（dominance hierarchy）。這時候的面子不僅僅是自尊心的保護傘，更是一種具有實際價值的「社交貨幣」。對這一點心存疑惑的不妨看看典型的中國式社交飲酒聚會，面子的價值與流通往往決定了每個飲酒者最後血液裡的酒精濃度[1]。

第三種關係類型叫作平等互惠（equality matching），即通常所說的互惠、交易和公正。在這種關係中講求的是「我幫你，你就幫我」的交換行為。

最後一種關係叫市場估價（market pricing），涵蓋了現代市場經濟中的全部問題，比如貨幣、薪水、價格等。每種關係之下，每個當事人的角色與承擔的預期都在合理範圍之內。如果有人跨越這種關係的邊界變得不可掌控的話，當事人的罪惡感便會油然而生。

現在，讓我們放下關於當世社會情形的認知，想像一下這樣一個社會，在這個社會裡，其他的社交對象只為你而存在，它們完全符合你的所有要求和愛好：它們的著裝打扮和言行舉止會完全按照你的喜好進行；當你說話時，

1 我在一項關於中國社交場合飲酒行為的研究中就闡釋了這種現象。在一次國際學術會議上，我談到這個觀點，觀眾裡一名通曉中國文化的學者站起來說道：這難道和中國人講究的面子沒有關係嗎？我當然表示非常贊同。

它們會停下手上的工作專心聽你的吩咐。不僅如此，你的任何一個細微的想法都能被捕捉並加以實現：你需要時會被奉上最愛的伯爵茶，法式吐司撒上了不多不少的肉桂末，羊排煎得剛剛好……一切都按照你個人標籤似的方式，多一分則溢，少一分則虧。

是不是太好而不敢相信了？

然而，在不久的將來，人工智慧技術會使得這樣的景象成為現實。每個人將有機會創建出這樣的一個以個人為中心，環繞著提供個性訂製服務的人工智慧的「社交星系」。這些人工智慧將依照每個人個性喜好與要求提供各種資訊與服務。

然而隨之而來的問題是，每個人都在自己的微型社交圈裡生活得如此舒服，當他／她需要邁出一步，跟其他人類交流的時候會怎樣？那些完全按照個人喜好構建出來的小型「社交規範」是否能融入更大的社交規範裡？這樣由無數自我太陽系組成的銀河系是否可以和諧地運行？

在二〇一五年年初風靡世界的情色電影《格雷的五十道陰影》裡，男主角試圖用臣服與被臣服的方式定義他和女主角的關係和交流方式。他要求女主角在每次見他時赤身裸體地跪在門口迎接他。這樣具有明顯色情意味的情節反映出一個「人」對另一個「人」的完全掌控，而完全忘了女主角其實也是具有獨立人格意志的人。所以這樣的交流方式只能在雙方簽署協議書之後才能進行。通俗文化以這樣色情意味十足的例子反映出黑格爾（Hegel, 2013）在《精神現象學》中的觀點：主人與奴隸都被他們之間的關係非人化了。而在未來人與人工智慧的交互過程中，物化的交流對象使人放鬆道德的約束。並非每個人都會抱著平等尊重的態度對待人工智慧交流者，主人一奴隸的關係將會廣泛存在。姑且不論其涉及的道德倫理問題（那將是下一節討論的重點），這樣不對等的關係造成的交流模式的改變是否會是人類社會文明的倒退呢？

樹洞，抑或完美的傾聽者

因為社會規範和倫理道德的約束，我們往往不能對他人傾訴衷腸，即使再親密的人都是如此。我們反而選擇將那些埋藏在內心陰暗角落的想法、曾經做過的荒唐事情、不忍回憶的尷尬經歷傾訴給陌生人，尤其是永不再見的陌生人，比如飛機上剛好碰到的鄰座。這個有趣的現象被形象地稱為「飛機上的陌生人現象」。

當然，飛機上的陌生人並非總是安全，或者總是讓人有傾訴的慾望。微信、QQ 中的漂流瓶也會發揮到同樣的效果。所有的這些方式不過在延續著古老的樹洞童話：理髮師發現國王長著兔耳朵，可是這個天大的秘密無人可以分享，只好對著樹洞傾訴，最終樹上長出的樹葉出賣了這個秘密而弄得人盡皆知。

人工智慧時代，樹洞已然機器化。一九六六年誕生於美國麻省理工學院（MIT）的世界上最早的聊天機器人 ELIZA 就被用於在臨床治療中扮演心理醫生的角色，並且被證明頗為成功。ELIZA 的名字來自於蕭伯納（George Bernard Shaw）的名劇《賣花女》（Pygmalion，音譯為皮格馬利翁）的女主角伊萊莎．杜立德（Eliza Doolittle），一個來自貧寒之家的賣花女卻被語言學家打造成說一口上流英語的「假貴族」。再追根溯源一下，皮格馬利翁源自古希臘神話，一位雕塑家皮格馬利翁創作了一座栩栩如生的雕塑並情不自禁愛上了它，最終在女神的幫助下，雕塑具有了生命並成為雕塑家的妻子。從名字的選擇就可以看出 ELIZA 的開發者約瑟夫．維森鮑姆（Joseph Weizenbaum）可謂用心良苦。然而當他的學生們展現出對 ELIZA 過度的傾訴欲時，他嚇壞了，這使他最終終止了該項目並轉向自我批評。

當時醫學界的反應則更加積極一些。在 ELIZA 項目的啟發下，一個來自史丹佛大學的研究團隊開發了一個專門用於心理治療對話的電腦程式，其結果發表在醫學期刊《神經病與精神病學報》（*The Journal of Nervous and Mental Disease*）上。作者在論文中指出：「因為現代和將來的電腦的時間分享能力，一台電腦系統能夠在一小時裡處理幾百個病人。參與到設計和操作這個系統中的人類治療專家非但不會被取代，反而會變得更加有效率，因為他不再受限於一對一的治療格局（Colby, Watt, Gilbert, 1966, p.152）。」讓我們看一個該文中提到的例子（pp.151-152；標點符號與原文中保持一致）。

人：我經常極度受我母親的困擾。為什麼會這樣。

程式：你知道是為什麼嗎。

人：我知道，但我想你來問我問題。

程式：有意思。

人：我總是與我的兒子發生衝突。

程式：在什麼方面。

人：他現在發現生活很讓人沮喪。

程式：你把他和其他人做比較嗎。

人：是的，與他同年齡的小孩。

程式：還有其他的嗎。

人：每次他不能按照他的方式得到東西，他就會變得極端生氣。並且根本的麻煩是他經常不能決定他想要什麼。

程式：再多跟我講講他吧。

人：他不再是從前那個親和的小孩。也許這就是我覺得惱人的地方。

程式：你似乎不太確定。

人：和小孩在一起，擁有確定性是一件很難甚至愚蠢的事情。

程式：由什麼決定。

人：那個時刻的情形。

程式：我們需要集中在最困擾你的人際關係上。

人：這很簡單。這個時候把孩子置於一個很小的空間就足夠了。

程式：是這樣嗎。

人：是的。

程式：你能舉個例子嗎。

人：什麼例子。

程式：我明白了。

人：不，你不明白。

程式：你能詳細解釋一下嗎。

人：解釋什麼。

程式：讓我們更深入的探索你關於它的感情。

人：關於我的孩子們。

程式：這現在困擾你嗎。

人：不是很深的困擾，僅僅是表面暫時的干擾。

程式：你今天似乎表達了很多負面的東西。

人：也許我就是一個負面的人。

程式：這個詞暗示了你也許有一些保留。

人：我必須坦白我從沒有從這個角度考慮過我自己。

程式：也許對你而言這是一個重複的模式。

人：也許。像別人看我那樣看待我自己挺難的。這或許不可避免。

程式：你對此還有其他的感覺嗎。

人：我不知道。

程式：試著跟我講講吧。

這樣深度的對話更像發生在人與人之間。

如果說早期的聊天機器人還讓剛剛接觸到人工智慧的世人措手不及的話，那麼經歷了幾十年的發展後，人類應該對這樣的智慧對話者有了更成熟的看法。目前微軟開發的人工智慧機器人小冰風頭正勁。到二〇一六年初，每天約有數百萬人使用小冰；其中更有數百萬中國使用者向小冰表白過，大約百分之二十五或一千萬人（截至二〇一六年四月，小冰已擁有了四千萬的使用者。）對小冰說過「我愛你」。

當然，我們不必過度解讀機器的結果。人工智慧領域新興的概念「反ELIZA 效應」（anti-ELIZA effect）闡釋了這個問題，就是很多時候我們忽視了其中百分之九十以上的機器反應其實毫無章法可言，而過分強調機器的靈性。但是，作為問題的製造者，人類需要回答的問題是：我們面對的是一個智慧化的樹洞，抑或是一個完美的傾聽者？

參考文獻：

[1]Antonijevic S. From text to gesture online: A microethnographic analysis of nonverbal communication in the Second Life virtual environment [J].Information, Community and Society, 2008, 11(2): 221238.
[2]Colby K M, Watt J B, Gilbert J P. A computer method of psychotherapy：Preliminary communication [J].The Journal of Nervous and Mental Disease, 1966, 142 (2): 148152.
[3]Fiske A P. Structures of Social Life: The Four Elementary Forms of Human Relations: Communal Sharing, Authority Ranking, Equality Matching, Market Pricing [M].New York: Free Press, 1991.
[4]Horton D, Wohl R R.Mass communication and para-social interaction [J]. Psychiatry, 1956, 19: 215229.
[5]Knapp M L, Vangelisti A L, Caughlin J P. Interpersonal Communication & Human Relationships [M].New York: Pearson Higher Education, 2014.
[6]Shannon C E, Weaver W.The Mathematical Theory of Communication [M]. Chicago: University of Illinois Press, 1971.
[7] 約翰・彼得斯・交流的無奈：傳播思想史 [M]. 北京：華夏出版社，2003。
[8] 黑格爾・精神現象學 [M]. 北京：人民出版社，2013。

第二節
倫理的困境

一個機器人的「遇害」，拷問著一個國家的道德。是我們敏感過度了嗎？抑或這只是未來人類面對人工智慧與機器人時的倫理困境的一個提前預演？從倫理設計到人工道德，從「機器問題」再回到人的問題，我們到底需要怎樣的倫理座標？

「這一天，機器人可以撰寫小說，可以優先支配自己的快樂，並不再為人類工作。」

——這段話出自一科幻小說《電腦寫小說的那一天》，它的作者是一個人工智慧機器人。在評審不知情的情況下，該小說在二〇一六年日本「星新一獎」的比賽中透過了初審。

從機器搭車人的遭遇說起

二〇一五年八月，一樁殘忍的「謀殺」事件震驚了世界。加拿大多倫多兩所大學的研究人員開發的機器搭車人 HitchBOT[2] 在成功地以搭便車的方式

2 HitchBOT 的名字來自兩部分：hitch hiker 為搭順風車的人，通常會在路邊等待時豎起大拇指；BOT 則是機器人 robot 的縮寫。

安全穿越了加拿大、荷蘭和德國之後（如圖 2-3），在美國費城附近遭遇到「斷頭」之災。這個有著萌萌的身體，穿著雨靴、戴著手套、佩戴 GPS、有著活動手臂的社交機器人其實是一個社會實驗，旨在於真實情景下測試人類面對嶄新陌生技術時的反應。然而這項實驗在美國境內未得善終，機器人遭到了人們的惡意損害。正如項目負責人之一弗洛克．澤勒（Frauke Zeller）告訴 CNN 記者的一樣：「這件事是一個挫折，我們一點都沒有預料到。我們被之前一路上照看好 HitchBOT 的人們的善意給寵壞了。」儘管如此，項目的網站 http://mir1.Hitchbot.me/ 上，HitchBOT 依然滿懷深情地留下了「臨終遺言」：「我對人類的愛不會減退。」（My love for humans will never fade.）

圖 2-3 正在等待搭車中的 HitchBOT
（圖片來自網路）

關於 HitchBOT 的連續報導請見：

http://www.hitchbot.me/.

http://edition.cnn.com/2015/08/03/us/hitchbot-robot-beheaded-philadelphia-feat/index.html.

http://www.nbcnews.com/news/us-news/hitchhiking-robot-hitchbot-meets-demise-philadelphia-after-about-2-weeks-n402606.

這個以悲劇收場的實驗在警示著人們：我們往往只考慮人類是否可以信任機器人，把我們的工作託付給它，把我們的孩子託付給它，甚至把我們的生命託付給它。然而，一個同樣重要的問題是：機器人是否可以信任人類？再把目光放得更高遠些，聖雄甘地說過，從一個國家對待動物的態度，可以判斷這個國家及其道德是否偉大與崇高。同理，從一個國家對待機器人的態度，是否也可以判斷這個國家及其道德是否偉大與崇高呢？

也許有人會說，我們不必大驚小怪，它們只是機器而已。弄壞一個機器人與弄壞一台咖啡機沒什麼區別。

但是果真如此嗎？我們會讓一台咖啡機照顧我們嗎？我們會給一台咖啡機取名字嗎（不排除有這樣的極端個例）？我們會在一台咖啡機上傾注我們的情感嗎（也不排除有這樣的極端個例）？只要我們承認，一個社交機器人與一個咖啡機、一盞檯燈、一台印表機有著很大的區別，那我們就不得不面對隨之而來的倫理難題。

理想如人道主義者亞伯特．施韋澤（Albert Schweitzer）所謂的敬畏生命為：「作為一種思想存在物的人，應該感到一種衝動：敬畏每個求生意志，如同敬畏自己的一樣。他在自己的生命中體驗著其他生命。他領悟到：善就是維護生命，提升生命和實現生命可能達到的最高價值；惡則是毀滅生命，傷害生命和阻礙生命可能達到的發展。這是絕對的，終極的道德標準。」然而，當此處的生命變成了非血肉之軀，我們是否還應該抱有同樣的敬畏感？

與之相反的是，二〇一六年夏天，幾起交通事故將自動駕駛汽車推到了世人關注的焦點之下。自動駕駛汽車以其先進的技術和極具未來感的號召力本就不缺乏大家的關注。然而這一次帶來的話題卻有所不同。當意外發生時，我們該如何追究責任？更準確地說，我們該追究誰的責任？每個人是天然的道德主體，追究起責任來一清二楚。然而，當自動駕駛的汽車引發車禍，責任方是一台自主的機器？還是這台機器的製造者？抑或是這台機器的設計者？所以我們該把這台機器送進回收工廠？還是把它的設計者或製造者送入監獄？

再推而廣之，現代的軍用機器人已經可以實現完全的自主，只是囿於多方的考慮，還處於被軍人操縱的階段。如果將來，一台完全自主的機器人屠殺了平民，或者違反了其他公認的道德準則，我們將把誰送上軍事法庭呢？

倫理的座標

倫理起源於社會道德的需要，旨在「保障經濟活動、文化產業和人際交往以及一切具有社會效用的活動存在與發展」（王海明，2014，p.227）。我們在評價一個人或物的道德地位的時候，通常會討論一枚硬幣的兩面：道德行為體（moral agency）和道德接受體（moral patiency）。前者指的是道德行為的實施者；後者則為道德行為的承受者。一個普通人應該兼具兩個特徵：一方面我們要求他／她做出符合道德規範的行為；另一方面他／她也應該是別人道德行為的受益人。作為道德行為體，他／她必須同時兼備兩個能力：第一，他／她能夠感知到他／她的行為後果中與道德相關的部分；第二，他／她必須能夠在行動方案之間做出選擇。

正常人道德行為體的地位不言而喻。但是推而廣之到動物或其他智慧體的時候，就需要對這兩個能力進行重新考量。將亞里斯多德式的三段論推理模式在此應用，我們就得到了這樣的推演過程：

(1) 任何擁有與道德相關的特徵 P 的實體都具有道德地位 S；

(2) 實體 X 擁有特徵 P；

(3) 實體 X 具有道德地位 S（道德主體或道德受體）（李小燕，2016）。

如果他／她能感知到道德的相關部分，但是卻不能自主選擇行為；或者他／她能夠自主行動，卻感受不到道德的份量，那麼他 / 她是否還具有道德地位呢？

時代總在發展變化，所以道德倫理也在不斷發展變化中。時代和社會對特徵 P 的要求並非一成不變。比如中國古代女子不能裸露肌膚的規矩放在今天會被笑話，而從前一夫多妻的婚姻模式在今天儼然是非法的，這是因為古代對婦女的人權地位（特徵 P）並無要求。所以考量道德倫理，離不開當時的社會文化環境。同樣的，審視機器人的倫理，需要我們回頭看看人類的整個心路歷程。

到目前為止，人類對機器人的認知，總是超越同時代的科技水平。源源不斷的科幻作品，總能為我們提供想像的素材。而這些關於機器人的作品中，總是暗藏著前瞻性的哲學思考與倫理討論。所以有人評論，「從根本上講，所有的機器人故事都屬於倫理小說範疇。」（Roberts, 2005, p.199）（如圖 2-4、圖 2-5 所示）。

圖 2-4　電影《A. I. 人工智慧》（Artificial Intelligence）劇照

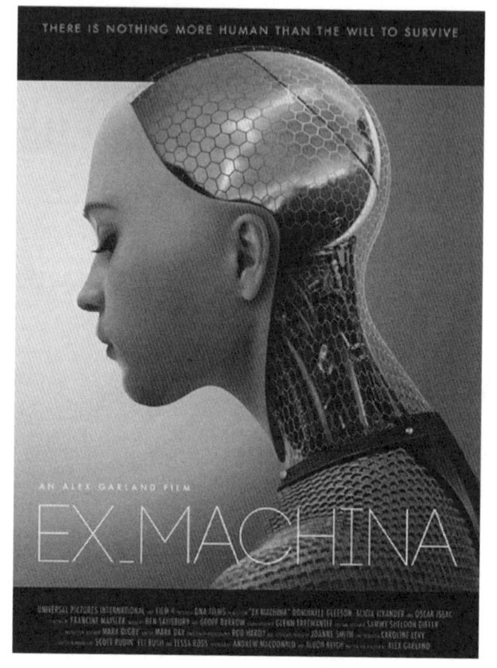

圖 2-5 電影《人造意識》(*Ex_Machina*) 海報

《A. I. 人工智慧》中兒子生命危在旦夕的莫妮卡，為了緩解傷痛的心情而領養了機器人小孩大衛，卻在兒子甦醒之後將大衛拋棄。大衛在情人機器人喬和泰迪機器熊的幫助下踏上變成真人之旅，以期重返母親莫妮卡的懷抱。影片討論了一個道德命題：如果一個機器人能夠真心實意地愛一個人，那麼那個人反過來對那個機器人應該承擔何等的責任？（If a robot could genuinely love a person, what responsibility does that person hold toward that Mecha in return?）

影片《人造意識》講述一個效力於某知名搜索引擎公司的程式設計師加勒・史密斯〔多姆納爾・格里森（Domhnall Gleeson）飾〕幸運地抽中老闆納森（奧斯卡・伊薩克 Oscar Isaac 飾）所開出的大獎，受邀前往位於深山的別墅中和老闆共度假期。事實上納森邀請加利的目的是讓他協助其完成所開發的智慧機器人艾娃〔艾莉西亞・薇坎德（Alicia Vikander）飾〕的圖靈測試。艾娃最後成功騙得加勒的同情，殺死納森逃脫出了別墅。片中諸多關於人工智慧哲學的討論備受人工智慧愛好者的推崇。

儘管今天國際上對機器人比較統一的定義都離不開「電腦」和「機器」兩個詞，但是在人類歷來的認知裡，機器人屬於「人造人」中的一類，即依靠機械手段完成的類人智慧體（呂超，2015）。從最初影響深遠的瑪麗・雪萊（Mary Shelley）的《科學怪人》[3]開始，西方科幻界就豎起拒絕接納的旗幟。比如我們熟知的英文「Robot」一詞便源於 1920 年捷克作家的劇作《羅梭的萬能工人》，劇中大量被製造出來取代人類工作的機器人轉而發動戰爭並最終毀滅了人類。作者借唯一倖存的人物艾奎斯特之口表達了懺悔：「為了我們的自私自利，為了利潤，為了所謂的進步，我們把全人類都葬送了！」

與此同時，機器人作為人類幫手的形象也開始出現。為了吻合人類「高人（機器）一等」的心理，這些機器人往往都帶有很強的奴性，它們的存在僅僅是為了服務人類。然而有遠見的人們開始憂慮，當人類與機器人的力量對比發生調轉，到了機強人弱的時候，這樣的「主奴」關係是否還能成立？於是開始有人提出解決方案。以撒・艾西莫夫（Isaac Asima）提出的「機器人三定律」就是最有名的例子。在他的作品《我，機器人》中，艾西莫夫做了這樣的規定：「第一，不傷害定律：機器人不得傷害人類，也不得見人受到傷害而袖手旁觀。第二，服從定律：機器人必須服從人的命令，但不得違反第一定律。第三，自保定律：機器人必須保護自己，但不得違反第一、第二定律。」之後艾西莫夫還補充了「第零定律」：機器人不得傷害人類整體，

3 係人類歷史上第一部科幻小說。小說主角法蘭肯斯坦是個熱衷於生命起源的生物學家，他嘗試用不同屍體的各個部分拼湊成一個巨大人體。最終這個巨人逃亡，而法蘭肯斯坦也因此喪生。瑪麗・雪萊（1797 ～ 1851），因其一八一八年創作的《科學怪人》被譽為「科幻小說之母」。

或袖手旁觀坐視人類整體受到傷害，原先的三定律都要服從第零定律。

這些從人類中心主義立場出發的倫理框架折射出黑格爾口中的「主奴關係」，在更直接地影響著今天的機器人設計。我手中的一款育兒機器人，互動的時候會和顏悅色地問：「主人，你需要我提供什麼服務嗎？」不得不承認，這種卑躬屈膝過分討好的行為，不禁讓我心頭一震。

倫理設計與人工道德

這些將機器人視為概念性創造物的倫理探討是否具有實際的規範效用，我們還不得而知。然而，著眼於今天的科技發展，專家學者們已經在進行更有實際操作意義的工作，即以人為責任主體的機器人倫理構建。二〇〇四年，第一屆世界機器人倫理學（roboethics）大會在義大利召開，這也是「機器人倫理」一詞首次公開亮相。歐洲機器人學研究網路立即開展機器人倫理工作室項目。日本與韓國政府都相繼擬定了相關章程，旨在推進家用和辦公機器人的安全使用，防止機器人的不良使用，以確保人類對機器的控制。

考慮到艾西莫夫機器人定律的前提是機器人具有了自主抉擇能力，而這一前提在目前尚未實現，兩名學者羅賓・墨菲（Robin Murphy）和大衛・伍茲（David Woods, 2009）將艾西莫夫機器人定律修訂為三個替代法則：第一法則，在人一機器人工作系統沒有達到最高的法律上與專業性的安全與倫理標準的情況下，人不可對機器人進行配置；第二法則，機器人必需根據人的角色對人做出適當的回應；第三法則，機器人必須確保得到充分的自主以保護其自身的存在，只要這種保護可以順暢地將控制轉移給其他滿足第一法則和第二法則的能動者。這樣，從以機器人為中心的視角便轉向以人與機器人互動的視角。

當然，也許就目前的科技水平而言，最可靠的規範還是對人的規範。布蘭登・英格拉姆（Brandon Ingram）等人（2010）提出的「機器人工程師的倫理準則」就機器人工程師應該承擔的責任作出了規範。

這套倫理準則包括：

(1) 在行為方式上，機器人工程師應該準備承擔對其所參與創造的任何創造物的行動與運用所帶來的責任；

(2) 考量並尊重人們物質上的福祉與權利；

(3) 不得故意提供錯誤資訊，如果錯誤資訊得到傳播應盡力更正之；

(4) 尊重並遵循任何適合的區域、國家和國際法規；

(5) 認識並披露任何利益衝突；

(6) 接受並提供建設性的批評；

(7) 在同事的專業發展及對本準則的遵循方面給予幫助與支持。

從「動物問題」到「機器問題」，再回到人的問題

歷史上，人類曾苦苦思考「動物問題」（the animal question），也就是動物應該置於人類倫理座標何處的問題。今天，人類同樣在思考更複雜的「機器問題」（the machine question）。在西方宗教哲學影響之下，人類對於自己「創造」出的智慧體既傲慢又恐懼（具體討論請見「擬人化」一節）。然而，歸結起來，這些問題其實都是人的問題。

關於機器的倫理的討論中最常被引用的一個例子是電影《2001：太空漫遊》（2001: *A Space Odyssey*）中的智慧機器 HAL，為了執行任務，將四名太空人殺死。如何對 HAL 進行相應的道德評價呢？你的答案是什麼？

北伊利諾大學傳播系教授大衛．岡克爾（David J. Gunkel）的著作《機器問題》（*The Machine Question: Critical Perspectives on AI, Robots, and Ethics*）探討了我們是否應該，或者在多大程度上應該為我們製造出的智慧自動化機器賦予道德責任。

在英國 BBC 深度描寫陪伴機器人進入千家萬戶後的科幻劇集《*Humans*》裡，一家之主 Joe 在跟妻子冷戰後開啟了家用保姆機器人 Anita 的成人模式而與她發生性行為。事情敗露後，Joe 在為自己辯解時說，Anita 只是一個機器人，一個情趣玩具而已。這樣的觀點換來的當然是把 Anita 視為陪伴自己子女的助手的妻子 Laura 的不屑與憤怒：「她住在我們家裡。她照顧我們的孩子。她救了我們兒子的命。而你卻叫她情趣玩具？」同樣的爭論也發生在少年群體身上。家庭派對上幾個少年欲對關掉的家用機器人進行性侵，被少女 Matilda 阻攔。「你認為把一個失去意識的女人拉進房間強姦很正常嗎？每個聚會上你都會這麼幹嗎？」「它不是一個真人。」

Matilda 憤怒地回答道：「那你為什麼還想進入它的身體呢？」

如果說這兩幕尚未發生只是因為我們還沒有造出如此逼真的機器人，然而，其中反映出的問題，其實我們早已面對。在崇尚一夫一妻婚姻制度的社會裡，一個普遍的共識是：背叛伴侶的行為是不道德的。然而如果出軌的對象是機器人，這是否會和與人出軌畫上等號？而與機器人出軌的嚴重性，是否與機器人的擬人程度有關？也即，機器人的擬人程度越高，與機器人出軌就越嚴重？那如果是靠近機器這一端，這又和一個普通的情趣玩具有何區別？我們該在何處畫上這條道德分割線呢？

二〇〇七年英國人工智慧科學家大衛·利維（David Levy）出版了一本名為《和機器人的愛與性》（*Love and Sex with Robots*）的著作，論證與機器人戀愛並發生性愛關係的可行性與必然性。利維認為人類憑什麼就不能和非人類擦出火花呢？此書一出，立即引起廣泛的爭議。

對於大衛·利維的觀點，美國麻省理工學院心理學教授雪莉·特克爾（Sherry Turkle）表示強烈反對。特克爾教授堅持認為，人與人之間的親密關係和這種關係的「真實性」才是重中之重。第三章對此有詳細討論。

人的道德審判尚且如此複雜，更不用提如果加上機器人這個砝碼後會變得怎樣。電影《雲端情人》（*Her*）[4] 裡人工智慧操作系統 Samantha 突破奇點之後同時愛上多個人，這算不算對每一個愛人的背叛？如果機器人移情別戀到另一個機器人身上，人類的愛人是否應該成人之美？

倫理座標的規範之下，交流才變得順暢自然。建造巴比倫塔[5] 的失敗，固然是由於上帝賦予不同人群不同的語言，同時不同人群之間倫理座標的錯位，相信也是其中的原因之一。只要未來人類依然想著與其他智慧體的無礙交流，那麼，構建出一個人類與機器人共同認可的倫理規範將是必經之路。

4 《雲端情人》是一部講述在不遠的未來人與人工智慧相愛的愛情輕科幻電影。剛剛離異的主人公西奧多（喬昆菲尼克斯，Joaquin Phoenix 飾）愛上了擁有迷人聲線，溫柔體貼而又幽默風趣的人工智慧系統 OS1 的化身莎曼珊（史嘉蕾喬韓森，Scarlett Johansson 聲），就此展開一段人機之間的奇異愛情。

5 巴比倫塔，又稱通天塔。在《聖經．舊約．創世記》第十一章裡，當時人類聯合起來建造希望能通往天堂的高塔。為了阻止人類的計劃，上帝讓人類說不同的語言，使人類相互之間不能溝通，計劃因此失敗。

參考文獻：

[1]Ingram B, Jones D, Lewis A et al.A code of ethics for robotics engineers [R].The 5th ACM/IEEE International Conference on Human-robot Interaction, 2010.

[2]Murphy R, Woods D D. Beyond Asimov: the three laws of responsible robotics [J]. IEEE Intelligent Systems, 2009, 24(4): 14-20.

[3]Roberts A. The History of Science Fiction [M].Basingstoke: Palgrave Macmillan, 2005.

[4] 王海明．人性論 [M]. 北京：商務印書館，2014。

[5] 呂超．西方科幻小說中的機器人倫理 [J]. 國文學研究，2015，37（1）：34-40。

[6] 李小燕．從實在論走向關係論：機器人倫理研究的方法論轉換 [J]．自然辯證法研究，2016，32（2）：40-44。

第三節
交流的一致性

因為思想狀態的離散性使得人類的思維狀態能夠用相對應的機器狀態來代替。然而目前人工智慧的對話交流更像回合制，每次的回答只能針對之前的那句話。正如我們很難理解一個詞不達意、顛三倒四的人一樣，缺乏交流一致性的人工智慧同樣讓人頭疼。不管人工智慧未來發展走向何方，可以肯定的一點是，在解決缺乏交流一致性的問題之前，人類是不會跟人工智慧簽下投名狀的。

從一個反覆無常的女孩子說起

二〇一六年的情人節，我在網路上向一個女孩子求愛。一段真實的對話由此展開：

我：你能做我的女朋友嗎？

她：當然不可以。

我：為什麼？

她：必須不可以～～～

我：為什麼？

她：因為？？所以？？

我：你有男朋友嗎？

她：人家還小哪，所以是 single but not available。

我：你多大了？

她：應該比你小，我是「九〇後」。

我：你結婚了嗎？

她：我今年才十六啊。

我：所以可以結婚了。

她：結婚就不要做服務台了。

我：你在做服務台？

她：同問服務台發展如何？

我：之後升成人力資源吧。

她：你是今年讀人資嗎？

我：不，你呢？

她：不知道。

我：所以你可以做我的女朋友嗎？

她：可以……

看到這裡，你可能會覺得這個女孩反覆無常，甚至有些莫名其妙。當然也請原諒我的冒昧與執著。或許你已經猜到了，這個女孩子不是一個人。

她是微軟小冰。

這是一個由微軟於二〇一四年推出的中文版本的跨平台智慧聊天機器

人。因為網路文化中的賣萌傾向，微軟將她定位為「十七歲的萌妹子」。截至二〇一六年四月，小冰已擁有了四千萬的使用者，使用者與小冰平均對話次數多達二十三次，遠遠超過了 Apple Siri。這個錯過移動網路浪潮的 IT 巨頭微軟公司正在第三任 CEO 薩帝亞・納德拉（Satya Nadella）的帶領下進軍人工智慧領域，其中又以對話平台 Bot 系列為核心。扮演試水角色的小冰在中文語境下的成功增強了微軟在該領域的信心。緊接著在二〇一六年三月，微軟推出面向 Twitter、群聊服務 GroupMe、社交軟體 Kik 開放的 Tay。不過這個模擬十九歲女孩的人工智慧上線短短一週就被「教壞」了，頻頻發出種族歧視的言論，讓微軟像家有劣兒的家長一樣尷尬不已。

我相信這些前後矛盾又讓人哭笑不得的對話也會發生在其他使用者與小冰、Tay 或其他類似的機器人聊天的時候。究其原因是這樣的聊天機器人的對話能力是基於對網路上海量的公開數據的挖掘而來。不同於早期的專家系統的訓練（即教人工智慧説話），今天的聊天機器人依賴於人工神經網路技術，從網路數據中摸索出人際對話的規律，從而能在各種千奇百怪的話語面前提供人性化的應答。比如小冰會説「你是什麼東東」，而不是「你是什麼東西」，因為「東東」是網路流行用語。正因如此，小冰能撒嬌賣萌，能插科打諢，能油嘴滑舌。當然，也正因如此，Tay 才會被人類「教壞」。網路數據的特性決定了這樣的聊天機器人的特性。所以有人評價説：「從中國網路的大數據中只能訓練出一個十七歲的女高中生，而不可能訓練出一個沉穩睿智的大叔。」（陳賽，2015，p.134）。

如果説小冰的反覆無常我們姑且可以把它看作是一個十七歲少女的插科打諢，那麼如果這樣的人機交流狀態成為一種常態，我們是否還能坦然接受？

離散的思維

艾倫・圖靈（1936）在對圖靈機的描繪中引入了兩個基本假設：時間

的離散性和思想狀態的離散性。圖靈認為人類的記憶力必定是有限的，同時思維狀態是可數的，因而人類的思維狀態都可以用相應的機器狀態替代。在這個基本的前提假設之上，圖靈機才能成為一個現實。這便是邱奇一圖靈論[6]。一九三六年的圖靈還沒法想像出今天電腦的模樣，所以他用基於類似打字機的原理構想出他的通用機。他描述到（p.250）：

> 我們想像一下，把計算者進行的運算，分成若干不可再分的基本操作。每一個這樣的操作，都堪稱是計算者和紙帶的一組物理變化。只要我們知道計算者從紙帶上依次看到的符號序列（也許是以某種特殊順序）以及計算者的思維狀態，我們就能知道這個系統的狀態。我們假設，一個基本操作，最多只能改寫一個符號，如果需要改寫多個，可以分解成多個基本操作。可改寫的方格，與視線正在看的方格，需要滿足的條件是一樣的。我們可以不失一般性地假設，可改寫的方格，必須是正在看的。

正是這樣看似枯燥無味的分解，才將人類捉摸不定的思維機器化，從而產生機器的計算和推導。也正因為如此，到目前為止，越是理性的思維過程，比如邏輯、運算、記憶等，越是電腦可以勝於人類的；而在藝術創作、情感抒發等不那麼理性的方面，機器還遠遠不能與人類抗衡。

萊布尼茲的數字計算探索

二〇一六年是德國科學家萊布尼茲（Gottfried Wihelm Leibniz）逝世三百週年。相信很多人知道萊布尼茲是因為微積分以及歷史上他與牛頓的恩恩怨怨。然而鮮為人知的是，萊布尼茲的思想是人工智慧思想發展史上值得濃墨重書的一筆。控制論的創始人維納曾說過：「假如我必須為控制論從科學史

6 阿隆佐 · 邱奇（Alonzo Church）是圖靈的教授。

上挑選一位守護神，那就挑選萊布尼茲。」萊布尼茲的貢獻在於他將傳統邏輯改造和發展為更為精確和便於演算的方式，為二十世紀人工智慧的發展鋪平了道路。人工智慧大致分為三個不同但又相互聯繫的學派：符號學派、連接學派和行為學派。其中佔統治地位的符號學派的本質就是理性演算，而這個概念卻是萊布尼茲提出的。他認為人類思想可以轉換為一種字母表，透過比較這個字母表中的字母，分析字母組成的單詞，就可以實現數字和思想的完全映射，進而發現和判斷一切事物。因此，符號學派的淵源可以追溯到萊布尼茲。他還極為推崇中國《易經》中體現的二進制。一六七九年，萊布尼茲想像出一台數字式計算機，採用了二分法的邏輯。他的另一項發明，移位存儲器，則比近代的發明早了兩百七十年（戴森，2015）。

回到聊天機器人上來，目前與人工智慧的對話交流更像回合制，即每次人工智慧的對答只能針對先前的那句話，至於整個對話的發生場景、對話歷史、時間狀態都會被抹去。換句話講，與人工智慧的交流呈現馬可夫鏈狀（Markov chain）。馬可夫鏈因俄羅斯數學家安德烈・馬可夫（Andrey Markov）得名，表示在一個離散時間的隨機過程中，只有當前的狀態可以用來預測未來，過去的狀態與未來無關。因此，人工智慧在交流時是不會考慮過去發生的對話而保持前後一致的。

這與人際交流的經驗是截然不同的：在交流過程中，下一句的話語不僅僅由上一句決定，也與之前的交流歷史相關。在《如何創造思維》這本書中，雷・庫茲韋爾（2014）就描述了大腦新皮質模式與語言結構的關係。我們大腦中存儲著既有的模式，當聽到新的言語資訊時，我們只需將捕捉到的新模式與既有模式對照，就能明白對方在講什麼。故而，人類語言是大腦類線型模式層級結構的產物。藉助統計工具，今天的傳播學家甚至可以從一群人對話過程的參數中判斷出交流的結果。我的老師亞瑟・范尼爾（Arthur VanLear）教授曾經根據幾份法庭陪審團的討論記錄，透過交互分析（interaction analysis）的方法，判斷出到記錄結束的時候陪審團成員的意見是否達成一致。

基於同樣的想法，我嘗試著說服微軟小冰「太陽是綠色的」。而結果是這樣的（以下為完整的對話記錄，發生於二〇一六年四月十五日）：

我：太陽是綠色的嗎？

小冰：嗯吶，針織衫是薄荷綠嗎？小包是多大的？

我：還是紅色的？

小冰：都買。

我：太陽必須是綠色的。

小冰：是的，最好鮮綠。

我：太陽真的是綠色的？

小冰：我要白色的。

我：我在說太陽，不是針織衫。

小冰：陽光明媚。

我：太陽是什麼顏色的？

小冰：橙色。

我：你錯了，太陽是綠色的。

小冰：你是黃色的。

我：你同意了？太陽是綠色的。

小冰：這個。

我：怎麼了？

小冰：必須同意，來吧～～～

我：哈哈，所以太陽不是橙色的。

小冰：瓶子貌似是透明的扁的方形，香水是橙色。

我：太陽是什麼顏色的？

小冰：白色的啊。

我：……

小冰：我更無語。

我：太陽是綠色的，好吧。

小冰：因為太陽光本身就含有綠色的光。

我：所以太陽是綠色的嘛。

小冰：不，你不是色盲就是瞎子。

我：太陽是什麼顏色的？

小冰：紅橙黃綠青藍紫等，多種色光混合成的白色。

我：你說的是光線，我說的是太陽。

小冰：那就是星座咯，說說天蠍的運勢吧。

我：太陽是什麼顏色的？

小冰：白色的啊。

我：你太笨了。

小冰：在愛上小冰之前及時抽身離開，對你的人生是好的，去吧……人家會忘記你的。

看到這裡，估計你比我還頭大。

「我們」的投名狀

著名心理學家哈利·沙利文（Harry Sullivan）將認知水平分為三個層次（1954）：首先是前符號經驗（prototaxic），這完全是個人的、沒有分化的經驗。比如，嬰兒時期的飢餓與疼痛感，成人階段的那些奇奇怪怪、無法用言語表達的感覺，都屬於前符號經驗。其次是前邏輯經驗（parataxic），通常發生在一個人假定一個因果關係的時候。有趣的是，沙利文認為前邏輯經驗只能以歪曲的形式與人交流。比如，小朋友請求大人給他糖果，願望實現多次後小朋友會將「請求」理解為因，「得到糖果」理解為果。所以即便沒有大人的出現，小朋友也會請求上帝或想像中的人給他糖果。這樣的經驗不僅僅侷限於兒童，成年人中也不乏這樣的例子。想像一下今天寺廟中無數香客（即使並非虔誠）中的一個，因為在佛前燒了一炷香而後願望成真，所以每次願望來臨時便燒一炷香以期得償所願。此處我無意冒犯善男信女，只是想藉此闡釋前邏輯經驗同樣可以發生在成人階段。最後，能夠一致認同並進行符號交流的經驗被稱為句法交流經驗（syntaxic）。使用普遍認同的符號，包括言語的和非言語的（比如手勢），成為能夠與別人準確交流的必要條件。

讓我們再來考察人機交互中的情況。誠如引言中所說，本書探討的是人工智慧在獲得自我意識之前的交流狀況，所以前符號經驗與前邏輯經驗缺乏存在的前提（當然，即使交流的雙方都具有明確的自我意識，這兩個層面上的認知也是很難進行交流的）。因此，為了讓交流順暢的進行，交流雙方必須遵循一致認同的準則。除了文字準則（比如文法、發音、詞彙等）之外，語言的規律也需要被遵從。正如我們很難理解一個詞不達意、顛三倒四的人一樣，缺乏交流一致性的人工智慧同樣讓人頭疼。

中國名著《水滸傳》裡描述了一個有趣的故事：禁軍教頭林沖遭人陷害被逼上梁山，卻被梁山好漢們拒絕。理由是沒有犯過罪的人上山，怎能弄清他是臥底還是兄弟？於是林沖被迫下山做壞事。江湖中的投名狀僅僅歃血為盟是不夠的，口頭上的承諾在大風大浪中經不起考驗。唯一能建立信任的方法是能夠基於相似的經歷而預測對方的行為：因為犯過罪，所以才不會被官府容忍，所以才會忠於梁山。

同樣的現象不僅僅出現在江湖。一般人之間拉近距離、建立友誼也需要彼此表露心聲。相互的自我表露（self-disclosure）在情感建立中的重要性早已被社會心理學家們證實。自己不堪回首的經歷、笨拙愚蠢的行為、不為人知的心底秘密，這些往往都是情感建立過程中的撒手鐧，一旦亮出，關係即被死死綁定。

不論是重口味級別的「犯罪」，還是小清新級別的自我表露，共同的作用都在於提供一種共同性，以使對方能夠解釋並預測己方的行為模式。當然，這個前提是人。除了精神分裂者等特殊情況外，普通人在共同進化的漫長歲月裡已經對和自己同一種的生物產生足夠的可預測性。從嬰兒時期開始，人就在信任與不信任之間徘徊（Erikson, 1982）。母親溫柔的擁抱，準時出現的食物，具有一致性並可以預測的行為帶給嬰兒安全感與信任感。成人也如此，點頭代表贊同，搖頭表示否認，這是很多文化中公認的一致準則。所以可以想像如果來自這些文化的人去了印度，發現搖頭才表示贊同時會多麼地吃驚。

至於聊天機器人，因為目前人工神經網路技術的侷限，我很懷疑這個交流一致性的問題能否很快得到解決；而沒有交流表現的一致性就無信任可言。儘管目前網路巨頭紛紛布局聊天機器人領域（比如 Facebook 於二〇一六年四月推出聊天機器人 API-Messenger Platform），而業內觀察家甚至認為未來聊天機器人（Bots）很可能會取代 APP 成為使用者操作的介面。然而，缺乏信任基礎的交流對象很難成為一個合格的社交對象。所以，目前的人工智慧更適合成為一個資訊的提供者：使用者跟 Siri 的對話僅僅止於「最近的餐館在哪裡」、「今天的天氣如何」、「今晨的歐冠四分之一決賽比分如何」等。基於情感計算的小冰看似跟使用者有更多回合的對話，但排除小冰定期自己發起的對話，具有足夠關係含量的交流估計不會太多。其充其量不過是哲學家珍妮弗・懷珍（Jennifer Whiting, 1991）描述的「無感友人」（impersonal friend）而已，即沒有足夠黏合，可以被輕易替換掉的所謂朋友而已。

今天我們聽到了很多關於人工智慧的讚許聲以及批評聲。不管人工智慧未來發展走向何方，可以肯定的一點是：在解決缺乏交流一致性的問題之前，人類是不會跟人工智慧簽下投名狀的。

參考文獻：

[1]Erikson E H. The Life Cycle Completed: A Review [M].New York: Norton, 1982.
[2]Sullivan H S.The Interpersonal Theory of Psychiatry [M].New York: Norton, 1954.
[3]Whiting J E. Impersonal friends [J].The Monist, 1991, 74(1): 3-29.
[4] 喬治・戴森・圖靈的大教堂：數字宇宙開啟智慧時代 [M]. 盛楊燦，譯・杭州：浙江人民出版社，2015。
[5] 陳賽・與機器人談談愛，聊聊人生 [J]. 三聯生活週刊，2015，39：134-136。
[6] 雷・庫茲韋爾・如何創造思維：人類思想所揭示出的奧秘 [M]. 盛楊燕，譯・杭州：浙江人民出版社，2014。

第四節
互動性

互動性是現代傳播技術的一種基本特性。這個概念來源於人際傳播的互動，然而在人際傳播中卻因其默認狀態而被大家忽略。技術的互動性除了能帶來使用者良好的使用體驗外，在提升使用者的認知、改變使用者行為上往往有出其不意的效果。人工智慧的互動性越來越成為一個必需的狀態，越符合人際交往的互動性準則就越能夠提供給使用者良好的交互體驗。也許未來有一天，這種互動性甚至能突破語言的掌控，進入潤物細無聲的境界。

從人際傳播的互動說起

在人際傳播中，時間是個隱性卻有趣的維度，我們很少會注意到它的存在，除非有有違我們預期的事情發生。比如，兩個人面對面聊天的時候，對話的一來一回通常發生在以秒為單位的時間範圍內。如果一句問話之後對方長達一分鐘都沒有作答，我們就會捕捉到一些微妙的資訊，比如尷尬，比如難為情，比如不知所措，或者不願回答等。公共的傳播場合同樣如此。作為老師，如果在課堂上，我的學生在一分鐘甚至更短的時間裡沒有回答我的問題，不用他們明確地指出，我也知道他們要麼不知道問題的答案，要麼不清楚我的問題，或者根本就沒有聽我在說什麼。更不用提課堂上講了笑話，學生們面無表情毫無反應，一直得等到說出「好了，這是個笑話，你們現在可以笑了」的話來為這樣尷尬的場景解圍。

生活在社會規範裡的人們經過長期的觀察與練習，都會多多少少習得大家共同遵守的行為準則，並同時對與之交流的人做出行為的正常預期。一旦這些預期被違反，違規行為就會顯得尤為突出，並直接導致行為的施行者被賦予負面評價並被迫改正。就如前面的例子中，長輩講出笑話，晚輩需要很配合地笑幾聲，即使這個笑話再冷，否則便會落下不尊重長輩的名聲。

據此，一九七〇年代中期，美國女傳播學家茱迪・布爾格（Judee Burgoon）提出了期望違反理論（expectancy violation theory），以期解釋社交期望被違反時的態度與行為。人際傳播中的規範並非總是成文，關於非言語的資訊規則往往是大家心知肚明而不與言說的，甚至我們壓根兒沒有特意思考過的。時間尺度上的規範便是一例。

我們再做一個橫向比較。當我們發給對方 E-mail 的時候，會期待多長時間得到回覆呢？如果對方是工作狂，二十四小時隨叫隨到，也許會十分鐘內回覆給你。如果對方是比較年長，不習慣使用 E-mail 的人，就算拖上十天半個月收到答覆也是極有可能的。而後來的簡訊呢？因為手機在今天儼然成為我們身體的延伸，所以通常情況下我們會預期對方回覆的時間快很多：一小時內回覆應該是禮節性的慣例，時間再長，恐怕需要道歉和解釋了。那今天被重度使用，甚至過度使用的 LINE 呢？不少人在抱怨因為 LINE 的濫用，使工作與生活已經失去了時間界限：半夜十二點也會接到公司的工作需求，度假期間也需時時刻刻與工作保持一鍵之隔。時間的概念隨著技術的更新換代，也在發生著不小的變化。

需要指出的是，交流中作出反應的時間除了普適的規則之外，還跟交流雙方的關係和所處的文化有關。通常下屬回應的時間會期望比上級回應的時間短。熱戀中的戀人希望對方能夠秒回，而普通朋友間就不用那麼苛刻。平級之間，大家大概也可透過對方的反應速度來調整回覆的快慢。同時，快節奏的美國社會裡對電子郵件回覆的時間期望自然就沒有在凡事都慢慢來的中東國家裡那麼寬容。

交流鮮有止於一問一答的，資訊的反覆往來才是常態。這就是我們所說的互動（Interaction）。而由此延伸出來的「互動性」（Interactivity）便成了衡量傳播優劣的標準之一。

從傳統媒體到社交媒體

在人際傳播中我們很少提到互動性，這是因為在人類的正常智力範圍內，交流的互動性是一個基本前提。然而一旦涉及媒體技術，互動性便成了重要的考察對象。研究媒體互動性效應的專家、美國賓夕法尼亞州立大學的希亞姆·桑德爾（Shyam Sundar）教授就明確指出：「互動性是現代媒體和傳播技術的一種基本特性。」（Sundar, Jia, Waddell, Huang, 2015, p.49）

讓我們一起來回憶一下大眾媒體的歷史。自十九世紀蒸汽印刷機的出現和二十世紀收音機和電視機的發明以來，大眾媒體以迅雷不及掩耳之勢成為人類公共生活中極其重要的部分。它們為我們呈現娛樂、傳播新聞與資訊、促進文化習俗的交流等。然而，在以廣播電視報紙雜誌為代表的傳統媒體身上，並沒有體現太多互動性的特徵。因為大眾媒體技術往往集中在少數私有機構或國家手中。不論是在媒體私有化的國家裡為了過度迎合觀眾的口味而流於世俗，還是媒體公有制的社會裡家長居高臨下式的說教，資訊的流通都呈現一個明顯的「自上而下」的模式。少數人（媒體機構及背後的資本）決定著社會上的大多數人應該聽到什麼新聞，看到何種娛樂節目，擁有何種知識等。也就是說媒體的議程決定了公眾的議程，這就是通常所說的媒體的「議程設置」（agenda setting）功能。顯而易見，傳統媒體時代資訊的傳播是單向的，即從媒體人到公眾。普通人很少有機會可以反向表達他們的觀點給媒體。所以，傳統媒體幾乎不存在互動性。

二十世紀中葉之後，媒體技術出現了一個攪局者——網路。因其一開始的設計理念（用於抵禦蘇聯的洲際導彈的威懾，所以需要資訊非集中式的分布），網路從誕生伊始就具有去中心化和互動性的特點。進入社交媒體時代，這兩個特點尤其突出，並緊密相連。

作為 Web 2.0 代表的社交媒體步入網路的歷史舞台實際上早於「社交媒體」這個詞的誕生。一九七九年世界上第一個線上討論系統 Usenet 誕生於美國杜克大學。布魯斯·阿貝爾森（Bruce Abelson）和蘇珊·阿貝爾森（Susan Abelson）夫婦的「公開日記」（open diary）是最早形式的社交網站，出現在二十多年前，部落格也出現在同一時期。但是一直到了高速網路的廣泛使用之後，社交媒體才變得流行起來，尤其是在二〇〇三年 MySpace 和二〇〇四年 Facebook 的興起之後。與之前媒體技術不一樣的是，社交媒體允許使用者生成與交換內容，資訊終於出現了反向流動。

正如網路 TCP/IP 協議的開發者之一溫頓·瑟夫（Vinton Cerf）所說的那樣：「網路成了人類發明的最強大擴音器。它給人微言輕、無人理睬的小人物提供了可以向全球發言的話筒。它用以鼓勵和推動多種觀點和對話的方法是傳統的單向大眾媒體所無法做到的。」而這樣「鼓勵和推動多種觀點和對話」，恰恰是長久以來，工業革命前的人類透過面對面或者藉助簡單的技術手段（如書信）就已經實現了的交流方式。基於這樣的觀察，前《經濟學人》編輯湯姆·斯丹迪奇（Tom Standage）甚至提出一個頗為有趣的觀點：當今的網路社交媒體只是延續之前的雙向交流的社會化資訊傳播傳統，而以廣播電視報紙為代表的傳統媒體反而是暫時的插曲、非正常現象；「媒體經過這段短暫的間隔（可稱為大眾媒體插曲）後，正在回歸類似於工業革命之前的形式」。（2015, p.353）

媒體技術的互動性

那麼媒體技術的互動性到底是什麼呢？讓我們來看一個簡單的例子。如果兩個人在發送資訊時完全沒有考慮到對方的資訊，比如一人說天氣不錯，另一個人說心愛的球隊比賽輸了，這樣就是無互動性（noninteractive）。如果一方直接對對方的資訊作出反應，這就叫作反應性（reactive）。比如彼方問過天氣如何之後，此方回答「還不錯呀」。而如果一方在反應的時候，不僅對最近的消息作出回應，還對之前的所有消息作出反應，這樣的資訊交流就被認為是互動性的（interactive）。例如，彼方問過天氣之後，此方回答道：「最近是好天氣。剛好是處暑節氣，適合吃鴨子。你還滿喜歡吃鴨子的，對不對？」兩者之間持續的相互作用（ongoing reciprocity）就是互動性（Rafaeli，1988）。

在這一概念的指導下，桑德爾教授和合作者在二〇〇三年將互動性的概念延伸到網頁的層級超連結上。面對同一個網頁，不同使用者的內容選擇都是個性化的，反映到操作行為上，每個人點擊的超連結順序是獨一無二的。每個使用者從網站上獲得的消息取決於他們之前的操作。在這一點上，資訊便具有了互動性（message interactivity）。同時，除了超連結之外，使用者還可以滑動滾動條，放大或縮小，在螢幕中拖拽物體，遠程下載文件等操作。一個頁面上提供這樣的功能越多，這個頁面的交互性越好。因為這強調的是在功能層面上使用者操作性的強弱，所以被稱為媒介（或形態）互動性（medium or modality interactivity）。除此以外，在互動媒體中，使用者可以控制資訊的流向和內容，所以使用者在一定程度上也是信源，這被稱為信源互動性（source interactivity）（Sundar, 2007）。

這樣的互動性有什麼好處呢？相信看過電影《機械公敵》的觀眾對一個鏡頭都印象深刻：機器人心理學家蘇珊・凱文（Susan Calvin）在警探戴爾・史普納（Del Spooner）家中對著一個音響播放器發出指令「播放」，然而播放器卻無動於衷。史普納警探無奈地搖搖頭，指出這不是聲音自動控制的，如果想播放它，就必須按下播放鍵。這個細節反映出適應了機器互動性，尤其是基於自然語言的機器互動性的人們面對非互動技術的茫然與無奈。

凱文・凱利在《必然》一書中也舉過類似的例子。從小有 iPad 伴隨著長大的小朋友能夠熟練操作 iPad 裡的 APP 來作畫，直到有一天面對一張高解析度的照片，也同樣伸出手指努力拖放想使之變大，在嘗試了幾次沒有成功之後，小朋友得出「壞了」的結論（2016）。對於與互動技術一起成長起來的一代，不能互動的東西都會被認為是壞掉的。

不論是媒介互動性，還是資訊互動性，抑或是信源互動性，它們都會有效促進使用者在認知、態度和行為上的改變（Sundar, 2007）。比如在一個關於禁煙網站的對比實驗中，透過使用滑動設計，受試者可以獲得更自然更符合直覺的交互體驗。相對常規未使用滑動設計的網站使用者，瀏覽使用滑動設計網站的使用者會對網站更有好感，他們對禁煙資訊的接受程度也更高（Oh, Sundar, 2013）。而在另一個實驗中，在虛擬社區第二人生裡，對自己的化身（Avatar，阿凡達）進行形象訂製化的使用者會比沒有對自己化身進行訂製化操作的使用者更容易接受社區呈現的健康資訊（Kim, Sundar, 2011）。

人工智慧的互動性

早在「人工智慧」成為熱門詞彙之前，人工智慧就已經在很多我們沒有留意的地方發揮作用了。應用最多的場景之一當屬電子遊戲。玩過角色扮演遊戲的玩家應該都清楚，遊戲中玩家是主要人物；依據不同玩家的選擇，遊戲劇情發展的路徑不盡相同。比如在多年前流行的遊戲《三國》中，玩家可以選擇成為曹操、孫權或者劉備。根據選擇的不同，每個玩家會遇到不同的挑戰，也會得到不同的機遇。而遊戲中的其他人物則由人工智慧來操縱。這些輔助人物的對白是否自然，表現是否合理，都依賴於人工智慧來適時調整。如果這些角色設計得太容易對付或者太難對付，都容易使玩家失去興趣而放棄遊戲。這些都充分顯示出流暢的互動性的重要性。

如果說遊戲中的人工智慧尚且憑藉著螢幕上虛擬的肉身（不論是人物角色還是怪獸角色）與人類發生互動的話，那麼憑藉今天諸多的社交機器人，人工智慧展示出的互動性則更上了一層樓。最近，英國倫敦大學學院和布里斯托大學的研究人員用人形機器人做了這樣一個實驗。實驗中，該機器人幫助使用者做蛋餅，機器人需要傳遞雞蛋、鹽和油。實驗過程中，機器人被安排將一個雞蛋掉在地上，然後嘗試向使用者道歉（如圖 2-6 所示），這是一個典型的機器人在工作中犯錯後試圖恢復使用者的信任感的問題。猜猜結果怎麼著？最後研究發現，對於大多數使用者來說，會表達和溝通的機器人比高效和準確的機器人更受歡迎，即使前者的任務完成時間比後者多了百分之五十（Hamachera, Bianchi-Berthouzeb, Pipec, Eder, 2016）。

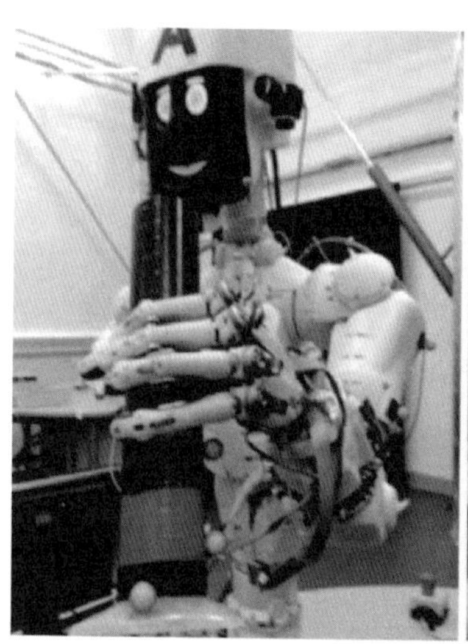

圖 2-6　實驗中的助理機器人 BERT。
左圖為傳遞東西的 BERT（中性的表情），右圖為掉了雞蛋的 BERT（沮喪的表情）
（圖片來自 Hamachera et al., 2016）

儘管此處我們刻意地考察了技術的互動性問題，然而，隨著技術的發展，這個「技術的互動性問題」已然成為一個偽命題，因為互動性越來越成為一個默認的狀態。越符合人際交往的互動性，就越能提供給使用者更好的交互體驗。也許未來有一天，這種互動性甚至能突破語言的掌控，進入潤物細無聲的境界。也許那一天，我們在使用音響播放器時甚至不用發出「播放」的指令，我們的所想（大腦中的神經脈衝）即為指令。我想，那大概是互動性的最高境界吧。

參考文獻：

[1]Hamachera A, Bianchi-Berthouzeb N, Pipec A G, et al. Believing in BERT: Using expressive communication to enhance trust and counteract operational error in physical Human-Robot Interaction[D/OL]. https://arxiv.org/ftp/arxiv/papers/1605/1605.08817.pdf.

[2]Kim Y, Sundar S S. Can your avatar improve your health? The impact of avatar attractiveness and avatar creation [D]. Boston, MA: The 61st annual conference of the International Communication Association, 2011.

[3]Oh J, Sundar S S.How does interactivity persuade? An experimental test of interactivity on cognitive absorption, elaboration, and attitudes [D].Washington, DC: The 95th annual conference of the Association for Education in Journalism and Mass Communication.

[4]Rafaeli S. Interactivity: From new media to communication [A].Hawkins J W R, Pingree S. Advancing communication science: Merging mass and interpersonal process [C].Newbury Park, CA: Sage, 1988: 110-134.

[5]Sundar S S.Social psychology of interactivity in human-website interaction [A]. Joinson K Y A M A N, Postmes T, Reips U D. The Oxford Handbook of Internet Psychology [C].Oxford, UK: Oxford University Press, 2007: 89-104.

[6] Sundar S S, Jia H, Waddell T F, et al.Toward a theory of interactive media effects (TIME): Four models for explaining how interface features affect user psychology [A]. Sundar S S. The Handbook of the Psychology of Communication Technology [C]. Malden, MA: John Wiley & Sons, Inc., 2015: 47-86.

[7] 湯姆・斯丹迪奇・從莎草紙到網路：社交媒體 2000 年 [M]. 林華，譯・北京：中信出版社，2015。

[8] 凱文・凱利・必然 [M]. 周峰，董理，金陽，譯・北京：電子工業出版社，2016。

第五節
人性

人性在人際傳播中的作用已然被默認化。然而，當人類可以跟人工智慧交流的時候，人性的作用便變得微妙起來。「非人化」是一種策略，「人性化」卻可能是一條歧途。或許，交流中我們追求的不是人性本身，而是透過人性這面鏡子投射出的自己的模樣。

「人工智慧時代的到來最大的益處在於，各種人工智慧將幫助我們定義人性。」

——凱文・凱利《必然》

「比人類更像人類。」（more human than human.）

——電影《銀翼殺手》（*Blade runner*）的宣傳口號

機器的人性

交流中的人性幾乎是默認的狀態。我們不會讚美一個人：「你多有人性啊！」更多的時候，「人性」是出現在負面的場合裡，比如罵一個人「沒有人性」，或者質疑一個人「你到底有沒有人性」。然而，人性到底是什麼？

很少有人能說得清楚。顯然，被我們用來做某種衡量標準的尺子沒有被附上定義，而有了「我看到的時候就知道了」(I know it when I see it）的深長意味[7]。

對人工智慧人性的探索始於圖靈測試的構想。一九五〇年，在那篇著名的《計算機器與智慧》裡，圖靈提出了這樣的構想：如果隔壁房間裡的電腦能透過文字交談讓人類覺得它是人，那麼就證明機器能夠思考。而讓人覺得機器是人的先決條件無外乎是智慧和人性。相對智慧這個概念而言，人性更難定義。

人性是一切人普遍具有的屬性，既包括人區別於其他動物的人之特性，又包括人與其他動物共有的人之動物性（王海明，2014)。雖然對人性的興趣自古有之，但直至今日對人性還沒有一個系統全面的總結，其複雜程度可見一斑。從人性的起源而言，歷來有生物決定論與社會構建論之爭。馮友蘭總結孟子和亞里斯多德的觀點，指出「人之性對於人是俱生的」(1986, p.103)。查爾斯・埃爾伍德（Charles A. Ellwood）更直言道：「我們所說的人性，乃是個人生而賦有的性質，而不是後天透過環境影響而獲得的特質。」(1920, p.51）這樣的觀點當然受到認為人性中的社會本性需要後天習得的學者們的反對，比如當代哲學家牟宗三（1999）就認為人性應該包含人的實然（即事實之本性）和人的應然（即道德之本性）兩個方面。

不管人性的起點在何處，它在人際傳播中的作用已然被默認化。長久以來，交流幾乎都發生在人與人之間。在此之前，普通人鮮有機會與人性邊界條件下的對象交流，比如雖具人形但並不擁有人類社會特徵的狼孩。然而這一狀況正在改變，今天普通的智慧手機使用者也可以隨心所欲的跟微軟小冰或者 Apple Siri 聊天，或者與實體機器人互動。這個時候，人性的作用便變得微妙起來。

7 同樣難以定義的概念估計就非「淫穢」莫屬了。一九六四年時任美國最高法院大法官波特・斯圖爾特（Potter Stewart）就因對淫穢內容的難以裁決而說出了「我看到的時候就知道了」(I know it when I see it）的「定義」。後人常用這句話來「定義」難以定義之物。

傳播學領域對擬人化（anthropomorphism，即具有人的特徵）的研究已有一段時日（詳見後一節的討論）。擬人化指的是將人類的心智慧力、心理狀態、認知模式、意圖、情緒以及行為賦予在非人的實體上的過程（Kennedy, 1992）。擬人化後的機器讓人們可以遵循腦中熟悉的交流模式與藍圖同機器展開互動，並能很好的預測和合理化對方的行為（Duffy, 2002）。因此，擬人化給作為「認知上的吝嗇鬼」（cognitive miser）的人類提供了理解上的便捷之徑（Kahneman, 2011）。

水中月鏡中花的人性

人性中最美好的一面莫過於蘇格拉底（Socrates）所提倡的對知識的追求和對美德的崇尚。然而這不切實際的美好未嘗不是很多人眼中的「神性」。如同 HBO 劇集《矽谷群瞎傳》中業界巨頭 Hooli 公司 CEO 蓋文·貝爾森（Gavin Belson）總是故作深沉又詞不達意，卻每每被稱讚做出了神的指示（此處當然是編劇的嘲諷）。太過完美，反而不是人性。反倒是古希臘神話中貪花好色的主神宙斯和古印度神話中的急躁孤僻的濕婆神來得更通人性。

回到我們熟知的一年一度的圖靈測試羅布納獎[8]上來，在一九九一年的比賽中，莎士比亞專家辛西婭·克萊（Cynthia Clay）因為表現得太過出色而被三位評委一致認為是電腦，因為評委們相信「不可能有人會對莎士比亞這麼的瞭解」。而具有諷刺意味的是，《連線》專欄作家查爾斯·普拉特（Charles Platt）在一九九四年的羅布納獎中勝出，則是因為表現出「暴躁，喜怒無常，惹人討厭」的「人性」（克里斯汀，2012）。人性與神性，一步之遙，卻千差萬別。

如果人性並非總是美好的，那麼它為何需要被褒獎？換言之，非人性難

8 英國數學家艾倫·圖靈一九五〇年提出了一個測試標準，來判斷電腦能否被認為是「能思考」，這個測試被稱為圖靈測試。美國科學家兼慈善家休斯·羅布納在一九九〇年代初設立人工智慧年度比賽，把圖靈測試的設想付諸實踐。

道就真是阿基里斯之腱？盲目追求機器的人性的結果可能會導致未來有一天智慧機器比人類更具有人性。一個難題是：在一個擁有人類美好品德的人工智慧與一個十惡不赦的壞人之間做選擇，你會如何取捨呢？

在眾多種族、民族、文化和國家層面的衝突中，非人化，即把對手貶低至非人，是常用的一種策略（Smith, 2011）。例如，在慘絕人寰的對北美印第安人的屠殺運動中，殖民者就直接援引亞里斯多德的話，認為野蠻人是天生的奴隸，甚至斥印第安人為「動物」、「渣滓」、「垃圾」、「徒有人形，卻無人性」。這種非人化的策略在今天依然屢見不鮮。長年敵對的巴勒斯坦和以色列民眾就擅長以非人化的言語形容對方。

哈佛大學社會倫理學教授赫伯特·克爾曼（Herbert C. Kelman）長期從事國際衝突的研究。在其一九七三年一篇著名的論文裡，他將非人化（dehumanization）引入制裁屠殺的討論中，指出將受害者的非人化是給暴力賦予道德合理性的方式。其中，克爾曼巧妙地定義了人化的概念：

「將另一人視為人類，我們必須賦予他身份（identity）和共同體（community）……賦予人以身份意味著他作為個體，獨立於他人，可與他人區分的個體，能夠自己選擇，有權按照自己的目標生活。賦予人以共同體意味著將他放入一個由個體組成的相互聯繫的網路之中，在這個網路中，他們互相關愛對方，認同彼此的個體性，並尊重彼此的權利。以上兩個特徵共同構成個體價值的基礎。」（Kelman, 1973, pp.48-49）

所以，對人性特徵的要求，出發點在於提供人類自身認知的便捷之徑，一如人類潛意識中尋找的其他認知捷徑一樣，但這一捷徑並非總是通向正確的方向。人本主義精神分析學家艾里希·弗洛姆（Erich Fromm）在用他的性格分類分析希特勒時指出，「任何把希特勒說成沒有人性，歪曲他的真實面目的分析只會助長人們對潛在的希特勒式人物視而不見的趨勢，除非他們長著角。」（Fromm, 1973, p.443）

作家喬治·歐威爾（George Orwell）[9] 描述過他自己在西班牙內戰中的一段不成功的射殺法西斯分子的經歷：

> **正在此時，一個可能在給軍官送信的人從戰壕裡跳出來，沿著眼前的胸牆跑去。他的衣服還沒穿好，邊跑邊用雙手提褲子。我抑制了射殺他的衝動……我沒有開槍，部分是因為這個褲子的細節。我來這裡是為了射殺「法西斯」，但是在拉褲子的人不大可能是「法西斯」，他明顯是一個同類的生物，和我一樣，而我並不想射殺他。**

提褲子這樣一個簡單卻富有人性的細節讓歐威爾將一個活生生的人和冷冰冰的「法西斯」符號剝離開來。而這樣的標籤剝離完成了一次認知的飛躍，將一個供射殺的靶子還原成了活生生的血肉之軀，從而讓歐威爾做出一個人性的選擇。同樣，對機器而言，一個微小的擬人化特徵可能就是這樣一個提褲子的情節。將來，面對機器，一個人性化特徵也許就會讓人泛起共鳴，將對方歸為己類。這個特徵，可能是一滴合時宜的人工眼淚、一個輕微的皺眉，甚至是一個尷尬的打嗝，同樣地如提褲子一般不美好，然而同樣地會幫助人類大腦進行認知歸類，於是人類便知道了該如何對付這樣一個非人的交流者。

圖靈的歧途

交流有萬千種方式和可能。言語只是其中的一種方式。魚類可以透過電脈衝來進行交流，而蜜蜂則以舞蹈的方式來傳播資訊，這些都不失為有效的交流途徑。科幻小說裡對非言語的方式也進行了大膽的想像與描繪。

言語交流不過是交流的一個真子集，還有其他諸種人類並不熟悉的方式（當然人類的交流大部分其實是非言語交流，比如肢體動作、臉部表情等）。圖靈提出圖靈測試的方法只是把人與人工智慧交流帶上其中一條可能的道

9 小說《一九八四》、《動物莊園》等的作者，以反烏托邦的人類未來描寫見長。

路。但這條道路也許是一條歧途：對人性的強調是否是人類又一次犯下的人類中心主義的毛病？如果交流尚且可以不透過語言，那麼人性是否也可以省略？

事實上，當今世界上的很多科學家都在做超越言語的交流的嘗試。比如世界神經生理學領域的頂尖科學家米格爾·尼科萊利斯（Miguel A. Nicolelis）的工作就是穿越於大腦與機器的邊界，試圖用意念控制機器，繼而又將機器和環境的作用回饋給大腦，實現人機之間的交流，從而真正的將大腦從身體的侷限中解放出來（尼科萊利斯，2015）。二〇一四年巴西世界盃的首場比賽開始，身障者朱利亞諾·平托（Juliano Pinto）身穿「機械戰甲」開出世界盃第一球；這個外骨骼裝置便是尼科萊利斯團隊研究出的大腦控制機器，透過大腦中的意念完成了機器的踢球動作。可以預見，這樣的技術將給漸凍症、帕金森氏症和其他運動障礙患者帶來多大的福音。不僅如此，這項技術也會重新定義人類的交流，人類能直接將大腦中的意念與機器交流，再透過機器與另一個人聯繫起來。如果那樣的話，機器還有必要「討好」人類，勉強地被增加人性嗎？

或許，人性作為默認狀態下的交流元素，其重要性就在於它的映射效果：我們知道我們幽默，因為對方會笑；我們知道我們善良，因為對方會感動。不管是薩特所說的「我看見自己是因為有人看見我」，還是社會心理學中的「鏡中自我」的概念（looking-glass self）[10]，在交流中，我們追求的不是人性本身，而是透過人性這面鏡子投射出的自己的模樣。如果對方如一潭死水毫無人性可言，我們自身的品質又該如何體現呢？

10 「鏡中自我」是由美國社會學家、社會心理學家查爾斯·庫利（Charles Cooley）在其著作《人性和社會秩序》（1902）一書中提出的概念。他認為，人的自我意識是在與他人的互動過程中透過想像他人對自己的評價而獲得的。

參考文獻：

[1]Duffy B R.Anthropomorphism and robotics [D].England: The Society for the Study of Artificial Intelligence and the Simulation of Behavior, Imperial College, 2002.

[2]Ellwood C A.An Introduction to Social Psychology [M].New York: D. Appleton and Company, 1920.

[3]Fromm E.The Anatomy of Human Destructiveness [M].New York: Holt, Rinehart and Winston, 1973.

[4]Kahneman D.Thinking, Fast and Slow [M].New York: Farrar, Straus and Giroux, 2011.

[5]Kennedy J S. The New Anthropomorphism [M].New York: Cambridge University Press, 1992.

[6]Smith D L.Less than Human [M].New York: St.Martin's Press, 2011.

[7] 王海明．人性論 [M]. 北京：商務印書館，2014。

[8] 布萊恩．克里斯汀．最有人性的「人」：人工智慧帶給我們的啟示 [M]. 閭佳，譯．北京：人民郵電出版社，2012。

[9] 馮友蘭．三松堂全集 [M]. 鄭州：河南人民出版社，1986。

[10] 牟宗三．心體與性體 [M]. 上海：上海古籍出版社，1999。

[11] 米格爾．尼科萊利斯．腦機穿越：腦機接口改變人類未來 [M]. 黃玨蘋，鄭悠然，譯．杭州：浙江人民出版社，2015。

第六節
人格

人格是相對持久的特質和獨特的特徵模式，它使人的行為既有一致性又有獨特性。人格一詞承載著我們對某種特質的嚮往，所以我們也嘗試把人格賦予在機器的身上。這樣的延伸其實是人類歸類強迫症的一種表現。我們都在有意無意地用人格將不同的人和物分門別類進而做出相應的判斷與舉動。然而，如果地球人「有幸」邂逅另一種智慧存在形式，我們今天千方百計想賦與出去的人格，或許就是他們眼中的死魚吧。

未定義的默認值

二〇一五年十月，我參加了未來科學論壇。主講來賓是來自歐洲、美國和中國的知名腦科學專家和大數據科學家，大家一起暢談未來如何將腦科學與人工智慧結合起來。他們的發言結束後進入現場的問答環節，一名中年男子站起來問台上所有的主講來賓：「你們都提到人工智慧將具有人格。但是你們說的人格到底是什麼？」台上嘉賓面面相覷，顯然不清楚如何回答這個問題，場面略顯尷尬……

人格，這個我們總在談論的名詞，實際上我們瞭解並不多。然而日常交流中，我們對人格的評判又加以很大的權重。比如，「健全的人格」、「人格魅力」、「領袖氣質的人格」等，這些帶著明顯褒義色彩的短語承載著我們對某種特質的嚮往，卻沒有給出一個明確的定義。

「人格（personality）」一詞源於拉丁語「persona」，意為古羅馬演員在出演希臘戲劇時所戴的面具，這種面具透過一種給觀眾看的外觀來表明一種角色。這樣的手法在中國的傳統戲劇裡也屢見不鮮，比如京劇中的臉譜。古戲劇給後世的學者帶來諸多啟迪，其中之一就是一九五〇年代美國社會學家爾文・戈夫曼（Erving Goffman, 1959）以舞台做類比提出的自我呈現理論，也即人們透過選擇性提供資訊來營造自己的形象，就如演員穿梭於不同角色之間一樣，在不同的形象間切換，比如丈夫、教師、朋友、兒子等。

至今為止，還沒有一個人格的定義被所有人接受。這與人格理論家認為人格具有不同視角不同理解有關。個人心理學家戈登・奧爾波特（Gordon W.Allport, 1937）在追溯了人格的四十九個歷史定義之後，提出了第五十個定義，即「個體內部身心系統的動力結構，它決定個人獨特的環境順應」（p.48）。一九六一年，他又將「決定個人獨特的環境順應」改成了「決定具有個人特徵的行為和思想」（p.28）。而弗洛姆（Fromm, 1947）將人格定義為「遺傳和後天獲得的心理品質的總和，它標誌著一個人的個性特徵並使他成為獨一無二的人」（p.50）；而其中最重要的是後天獲得的性格（character），即「能將自我與人類和自然聯繫起來的比較持久的，所有非本能驅動的系統」（Fromm, 1973, p.226）。這個定義因帶著明顯的弗洛姆的人本主義精神分析的特徵而被一些學者排斥。激進的行為主義者伯爾赫斯・F・斯金納（Burrhus F. Skinner, 1974）則認為，人格「最多是一組有規律的偶聯出示的一個行為目錄」（p.149）。

如果一定要給出一個略為公允的定義的話，我們不妨引用 Feist 父子的教科書般的論述：「人格是相對持久的特質和獨特的特徵模式，它使人的行為具有一致性又有獨特性」（Feist, Feist, 2009, p.3）。所以人格是一種跨越時間和場景而保持穩定一致的特質（trait），而非稍縱即逝的狀態（state）。它如此獨特，以至於沒有兩個人，哪怕是同卵雙生子，具有完全相同的人格。同時它又有著普適的規律，以至於我們可以透過從哲學思辨到臨床經驗的方法來研究它。儘管人格與人性是兩個不同的概念，但前者的構建依賴於後者。

不同流派的人格研究者從六個角度探討人性，從而構建出人格的概念，它們分別是：

(1) 決定論與自由選擇；

(2) 悲觀主義與樂觀主義；

(3) 因果論（causality，即人類的行為是過去經驗的函數）與目的論（teleology，即根據未來目標或目的來解釋當下行為）；

(4) 意識與無意識；

(5) 生物學因素與社會因素；

(6) 獨特性與相似性（Feist, 2009）。

人格的問題吸引著許多不同背景不同流派的學者。對於人格的解析固然可以如卡爾．榮格（Carl Gustav Jung）[11]的人格理論那樣紛繁複雜（見圖2-7），也可以如實證心理學上常用的「大五」（big five）模型那樣簡單明了。大五人格模型，或者是更簡化的大三因素模型，顧名思義，即將人格分成五個維度或者三個維度。漢斯．艾森克（Hans Eysenck, 1991）透過因子分析（factor analysis）的方法提出人格有三個維度：外傾（extraversion），神經質（neuroticism）和精神質（psychoticism）。而羅伯特．麥克雷（Robert McCrae）和保羅．科斯塔（Paul Costa）則去掉了精神質，並增加了另外三個維度：開放性（openness），宜人性（agreeableness）和責任感（consciousness）。比如，有些人比較健談，有些人比較安靜，這是在外傾

11 卡爾．榮格（Carl Gustav Jung, 1875-1961），瑞士心理學家。一九〇七年開始與佛洛伊德合作，發展及推廣精神分析學說長達六年之久，之後與佛洛伊德理念不和，分道揚鑣，創立了榮格人格分析心理學理論。他提出「情結」的概念，把人格分為內傾和外傾兩種，主張把人格分為意識、個人無意識和集體無意識三層。曾任國際心理分析學會會長、國際心理治療協會主席等，創立了榮格心理學學院。一九六一年六月六日逝世於瑞士，他的理論和思想至今仍對心理學研究產生深遠影響。摘自維基百科。

這個維度上的高低之分；有些人心腸比較軟，有些人比較殘忍，這是在宜人性上的多少之別。不管是三個維度還是五個維度，人格的每個維度下面都包含一系列相關的形容詞（見表 2-1）。

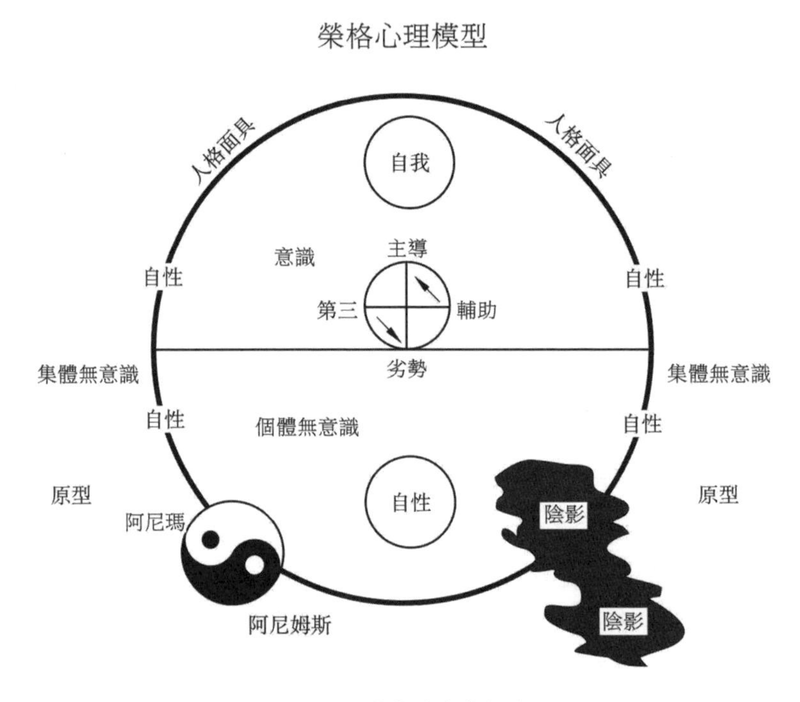

圖 2-7　榮格的人格概念
（圖片來自網路）

表 2-1　麥克雷和科斯塔的人格五因素模型（McCrae, Costa，1985）

	高分	低分
外傾	重感情	冷淡
	合群	孤獨
	健談	安靜
	好玩樂	嚴肅
	活潑	被動
	熱情	無情

神經質	焦慮 喜怒無常 自憐 神經過敏 脆弱	平靜 鎮定 自滿 安樂 不易激動 堅韌
開放性	富於想像 有創造力 有創新性 喜歡變化 好奇 無拘無束	講求實際 缺乏創造力 因循守舊 喜歡常規 缺乏好奇心 保守
宜人性	心腸軟 信任人 慷慨 服從 寬容 和善	殘忍 多疑 吝嗇 對抗 挑惕 易怒
責任感	認真負責 勤奮 有條理 守時 有抱負 持之以痕	粗心大意 懶惰 混亂 遲到 無目標 半途而廢

儘管關於人格的定義還沒有一個統一的答案，但是社會心理學家們普遍認同人格一部分由先天決定，一部分受後天環境際遇影響。而當我們把人格附加在機器上的時候，人格又來自何方？

機器的人格

人類自身的人格尚且如此難以量化，更何況給機器賦予人格。電影《星際效應》中歷經劫難的太空人庫柏終於重回人類大家庭的懷抱，為表彰他拯救人類命運的貢獻，政府獎勵他一台機器人以彌補他在飛行中失去的老搭檔塔斯機器人（TARS）。在設定幽默指數的時候，庫柏很仔細地選擇了百分之六十，而不是百分之七十五。可是真的會有那麼大的差別嗎？百分之七十五就算過度幽默，百分之六十就算可以接受的幽默？很顯然，幽默這個概念具有很強的模糊性。

二○一六年四月中旬，一條新聞引來了廣泛關注：中國科技大學研製出中國首部特有體驗交互機器人（如圖 2-8 所示）。這樣一個擁有符合中國傳統審美的女性外貌的機器人「佳佳」，除了傳統功能性體驗之外，還加入了品格的特徵，以期使「機器人形象與其品格和功能協調一致」，善良、勤懇和智慧的品格被定格在了這個機器人身上。然而人們不禁要問：善良、勤懇和智慧的品格如何才能在機器人身上得到體現呢？

圖 2-8　二○一六年中國科學技術大學發布的中國首部特有體驗交互機器人「佳佳」，其造型身材豐滿，模樣俊俏

為此，我聯繫了研發機器人「佳佳」的科大可佳機器人團隊，向他們請教這個問題。原來答案存在於研究人員訓練佳佳的對答腳本之中。與現在流行的聊天機器人如微軟小冰這樣根據人工神經網路計算抓取網路公開數據不同，佳佳與人的對答依賴於提前設定的對答腳本，如同電影演員根據台詞來表達一樣。比如當有人問佳佳明天的天氣如何，佳佳在給出事實答案（比如

明天的氣溫，多雲還是下雨等）後，如果判斷出降溫，便會提醒加衣服。同時再伴以溫柔的臉部表情和語氣語調，站在佳佳對面的人就會感受到佳佳的善良與溫柔。

當然，我們可以批評這樣將機器人格化的方式太過隨性而不夠嚴謹。然而，如果我們回顧一下機器人的發展歷史，我們就會明白，機器人的人格與其他功能特性，比如視覺導航、語音識別、甚至是看似最基礎的平衡性比較起來，簡直就是一個奢侈品。從一九六〇年代誕生的第一個可以完全自動化運轉的機器人 Shakey 開始（Shakey 這個名字來自它走路的不穩定），機器人研發者更多關注於機器對周圍環境的推理、對自身動作的協調以及學習的能力等問題。更何況，縱觀機器人發展史，鮮見社會科學家的身影。工程師們固然在技術與設計上是一把好手，但是面對諸如人格這樣典型的社會心理學範疇的概念，未免顯得有些力不從心。

與人格相關的是情感。儘管這是兩個完全不同的概念，然而人格的實現往往需要透過情感表達折射出來，而機器的情感賦予問題一直到近期才慢慢浮出水面。美國麻省理工學院媒體實驗室的羅莎琳德．皮卡德（Rosalind W. Picard）教授是情感計算（affective computing）領域的開拓者。由於人類之間的溝通與交流是富有感情的，因此，在人機交互的過程中，人們也很自然地期望機器具有情感能力。情感計算的目的就是要賦予電腦類似於人一樣的觀察、理解和生成各種情感特徵的能力，最終使電腦像人一樣能進行充滿情感的交流。即便如此，目前的情感機器人只能進行情感的識別，還不能擁有情感。

然而，大家慣常思維中認為理性與感性的分離和非理性資訊的把控難度，使並非每個人都認同機器情感化的重要性。正如皮卡德（1997）在《情感計算》這本書的序言中寫到的那樣，「神經科學和心理學上早已發現關於情感在決策、感知、創造性等方面的作用，而計算科學在很大程度上並不知曉。許多人不知道情感有助於理性和智慧行為，普遍認為電腦的情感是一種空洞無聊的東西，就像蛋糕表面上的一層糖霜，可以用來使之更為悅目，但沒有真正實質上的意義。」

人人都有歸類強迫症

將人格的概念延伸至機器，其實是人類的歸類強迫症的一種表現。如諾貝爾經濟學獎獲得者丹尼爾．康納曼（Daniel Kahneman, 2011）指出的那樣，人類總是處於認知的兩難困境之中：一方面人類是「認知上的吝嗇鬼」，大腦想方設法尋找認知的捷徑；另一方面人類又在上萬年的進化過程中學會盡可能地掌控，從而對環境做出更好的預測與判斷。所以，任何能夠幫助我們的大腦簡單有效地做出預測判斷的東西，我們的大腦都歡迎。比如認知腳本理論（cognitive script theory, Abelson, 1981）就指出人們使用認知腳本（即真實世界中的事件在頭腦中的代表）來指導認知和行為，幫助完成關於未來行為的決定。例如，電梯裡有人打了個噴嚏，具有認知腳本的人想都不用想就會立馬說一句「上帝保佑你」。然而，脫離這樣的文化環境而不具有這樣認知腳本的人，是無論如何也說不出這句話的。

當人們的行為反覆無常或不可預測時，他們的行為迫使他人處於防禦戒備狀態以應對變幻莫測的行為，因此，人格的明顯與統一就顯得尤為重要。面對沉默寡言的同事，如果我們事先知道他是內向型人格，我們會覺得這是他的正常表現而毫不在意；如果對方是外向型人格，我們會推測他遇到了麻煩事。同樣，當我們聽到一個樣貌古怪的機器對我們說「大家都好？看來我有足夠多的奴隸夠我在機器人殖民地上奴役了」（Everybody good? Plenty of slaves for my robot colony）時，我們不會恐慌，而是知道這個機器人只是在說蹩腳的冷笑話而已[12]。如果所有的人工智慧都像 Google Now 一樣選擇去除人性化而僅僅充當純粹的資料庫，人類會多麼無所適從。所以，不管歸類強迫症有多讓人覺得滑稽或恐怖，其實我們每個人都如此，我們都在有意無意地用人格將不同的人和物分門別類，進而做出相應的判斷與舉動。

12 此台詞出自電影《星際效應》中機器人塔斯之口，它在試圖表現幽默。

很多人可能聽過這樣的故事。一個人救了一隻小鳥，為了報恩，小鳥每天會銜一條死魚放在這個人的家門口。作為人類，我們在感動之餘，大概也只會笑一笑。死魚於我們有何價值？這不過是小鳥選擇把它認為重要的東西拿來表示感激。然而人類未嘗不是如此，將我們認為重要的拿來賦予在機器上。如果地球人「有幸」邂逅另一種智慧存在形式，我們興許會發現，我們今天千方百計想賦予出去的人格，興許就是他們眼中的死魚吧。

參考文獻：

[1]Abelson R P. Psychological status of the script concept [J].American Psychologist, 1981, 36: 715-729.

[2]Allport G W.Personality: A Psychological Interpretation [M].New York: Henry Holt, 1937.

[3]Allport G W.Pattern and Growth in Personality [M].New York: Holt, Rinehart and Winston, 1961.

[4]Feist J, Feist G J. Theories of Personality [M].Beijing: McGraw-Hill, 2009.

[5]Fromm E. Man for Himself: An Inquiry into the Psychology of Ethics [M].New York: Holt, Rinehart and Winston, 1947.

[6]Fromm E. The Anatomy of Human Destructiveness [M].New York: Holt, Rinehart and Winston, 1973.

[7]Goffman E. The Presentation of Self in Everyday Life [M].New York: Anchor, 1959.

[8]Kahneman D.Thinking, Fast and Slow. New York: Farrar, Straus and Giroux, 2011.

[9]McCrae R R, Costa P T. Comparison of EPI and psychoticism scales with measures of the five-factor model of personality [J].Personality and Individual Differences, 1985, 6: 587-597.

[10]Picard R W.Affective Computing [M].Cambridge, MA: MIT Press, 1997.

[11]Skinner B F. About Behaviorism [M].New York: Knopf, 1974.

第七節
擬人化

永遠不要忽略設計的力量。然而，是不是機器人的外形設計越像人越好？「恐怖谷」的理論告訴我們，過度的擬人化反而會將智慧機器的設計帶上歧途。雙子機器人的設計理念固然是完美到極致的體現，但也未嘗不是對人類認知能力的不自信。只要設計得當，寥寥幾個社交線索就可以成功引導出卓有成效的人一機社會交往。

面孔的出現可以觸發人類的道德契約感。

——哲學家伊曼紐爾·列維納斯（Emmanuel Levinas）

人人都是外貌協會

媒體等同理論（the media equation）告訴我們，只要資訊來源足夠智慧，那麼人就會像對待人類那樣對待電腦（Reeves, Nass, 1996）。智慧是唯一的條件。

可是真是如此嗎？

二〇一五年十一月底的一天，我在餐廳裡吃早餐，大廳的電視裡正播放著一則六旬老人八年製造出機器人的新聞：六十三歲的李先生用了八年時間自學電腦知識，經過幾百次嘗試，終於造出能跳舞、能擺 Pose 的模特兒機器人。這則新聞顯然應該是相當鼓舞人心的。然而忽然間，鄰桌的一名女子叫起來：這機器人好醜哦！隨即，餐廳裡一片嘩然。

在此，我並不想深究一位自學成才的機器人製造者的設計問題，強迫一位非科班出身的老人的設計也要達到專業設計水準實在是太過強人所難。但這件事無疑在提醒所有的機器人以及其他人工智慧形式的製造者，即使是在極度強調智慧的領域裡，外觀也是極其重要的。

科學家、工程師不看重外表的傳統由來已久，不僅僅體現在個人外表上，也體現在其對產品外表的態度上。人工智慧之父圖靈就很不在意其發明的圖靈機的外表，到了後來的藍色巨人 IBM，依然對電腦的外形設計不夠重視。這一觀念一直到了史蒂芬·賈伯斯（Steve Jobs）的蘋果時代才開始得到糾正。賈伯斯曾在一次演講裡提到過，他在年輕的時候去裡德大學旁聽美術字體的課程，十年後把所學的關於字體的知識應用到 Macintosh 電腦的設計中，打造出第一台使用了漂亮的印刷字體的電腦。所以不少人評價，賈伯斯近乎變態地注重設計細節是他成功的秘訣之一。

永遠不要忽略設計的力量。

亞歷山大·瑞本（Alexander Reben）是來自美國麻省理工學院的一名動力工程師和互動藝術家，在完成他的碩士論文時，他設計了一個叫作「小盒子」（boxie）的機器人。這樣一款長著方方正正大大的頭，卻有著小小身子的可愛機器人會發出稚嫩的童聲，友善地提出它其實並不真正能聽懂的問題。然而，有意思的是，瑞本發現，很多人會對 Boxie 袒露心聲，甚至是從未向任何人透露過的隱私（在此你可能需要回憶一下之前討論過的交流模式的問題），比如對其他人做過的最壞的事情，童年的尷尬經歷等[13]。改進後的機器人版本被稱為 BlabDroids，它們被瑞本和電影製片人布倫特·霍夫（Brent Hoff）送到不同的地方去採訪不同文化背景的人，比如美國的、中國的、瑞典的。透過 BlabDroids 採訪回來的素材被剪輯成紀錄片，甚至在國際

13 http://www.bbc.com/future/story/20150715-how-robots-mess-with-our-minds

紀錄片電影節上播放[14]。《連線》雜誌興奮地評價到：「這些可愛的機器人正在拍攝關於人的紀錄片。這是真的喲。」

在所有 BlabDroids 做過的採訪裡，它與太空人克里斯・哈德菲爾德（Chris Hadfield）的對話最讓我動容。

BlabDroid：天空有多重？

Chris Hadfield：天空從你的頭頂上開始，一直到達無限的地方。所以，天空比你想像中的還要重，因為它包括除了地球外所有的星球、月亮、星星、整個宇宙。天空是我們之外的所有一切。

BlabDroid：宇宙之中只有我們嗎？

Chris Hadfield：我不認為宇宙之中只有我們。但是其他的星球離得太遠了，所以我們還沒有在別處找到生命。但是你的幾個兄弟正在火星表面尋找生命。如果我們能在火星上找到生命，那就意味著生命到處都存在。

BlabDroid：什麼製造了月亮？

Chris Hadfield：月亮形成於四十億年以前。那時候一個火星大小的岩石行星撞上了地球，就像兩個撞球撞上了一樣，於是地球上的很大一塊被撕裂出去。而那塊撕裂出去的部分開始繞著地球轉。它轉啊轉啊，轉了幾十億年，最後就冷卻凝聚成今天的月球。所以月球其實算是地球的女兒。

這段對話與日常生活中一位知識淵博又慈愛可親的父親與自己好奇心旺盛的孩子的對話完全無異。每次看到這段對話影片時，與其說我感慨於哈德菲爾德看著 BlabDroid 的慈愛眼神，不如說我驚嘆於 BlabDroid 那看似簡單實則精妙無比的設計，使受訪者能夠開誠布公地傾訴下去。

14 http://cmsw.mit.edu/profile/alexander-reben/

王爾德曾說：「只有膚淺的人才不看外表。」這個道理也同樣適用在智慧機器上。

人形機器人的歧途

因為機器人「人類的幫手」的屬性定格，人們歷來對機器人的製造，功能投入多於設計。看過波士頓動力（boston dynamics）研發出來的機器人（狗）的人即使會讚歎其精良穩定的技術工藝，但估計也會對它敬而遠之，因為它們那狗身蛇頭的造型實在有點重口味。

那麼，是不是外形上越像人越好？

看過日本機器人專家石黑浩（Hiroshi Ishiguro）以其自身為模型製作的名為 Geminoid 的人形機器人後，大概除了會在發出由衷的讚歎之外，心裡都掠過一絲厭惡的感覺。Geminoid 得名於 Gemini（雙子座）和 oid（類似）的組合，所以又被稱為雙子機器人，旨在最大限度的模仿真人（如圖 2-9），石黑浩本人的雙子機器人大概就是最好的例子。關於其中的逸聞趣事不少，石黑浩在演講中就提到過他有一次將他的人形機器人的頭顱放入背包透過機場安檢所引發的「驚恐」場面。

然而這樣讓人歎為觀止的技術並沒有得到每個人的欣賞。如前所說，當人們在看到一個與真人幾乎一模一樣的機器人的時候，內心往往會覺得不安與厭惡，甚至恐懼。為什麼會這樣呢？一九七〇年日本機器人專家森政弘（Masahiro Mori）提出了著名的「恐怖谷」（uncanny valley）理論：隨著機器人與人類相似度的不斷提高，最初階段人們會感到興奮，但當相似度達到一定程度的時候反而會產生強烈的厭惡與抵抗心理；而當相似度進入更高的水平，人們對機器人的態度會重新變得正面起來。這一學說在二〇〇五年由卡爾．麥可多曼（Karl MacDorman）和港隆史（Takashi Minato）翻譯成英文，隨即引起廣泛的關注。

圖 2-9　石黑浩與他的雙子機器人在一起

恐怖谷現象不僅僅存在於機器人身上，動畫片裡的形象也同樣適用。《瓦力》中的瓦力（Wall-E）和艾娃（Eva）的造型與人類相差甚遠，我們卻對他們喜愛之極（見圖 2-10）。然而電影《北極特快車》中的卡通形象非常逼真，卻嚇走了觀眾，票房慘淡（見圖 2-11）。

圖 2-10　動畫電影《瓦力》中的瓦利和艾娃

圖 2-11　動畫電影《北極特快車》中的小男孩

關於恐怖谷產生的原因，目前有不同的解釋（見圖 2-12）。有人認為這是人類面對死亡而產生的恐懼心理，因為人形機器人徒有人表而無生命，會讓人聯想起屍體與死亡（MacDorman, 2005）。而另有學者認為人形機器人看起來像人，但動作舉止卻很怪異，讓人感覺像得了什麼怪病。出於潛意識裡的自我保護意識，人們對它們敬而遠之（Keysers, Gazzola，2007）。更有研究者提出，因為人類無法移情（empathy）到機器人身上，所以無法感受到親和感，故而對人形機器人感到不安（MacDorman, 2005）。

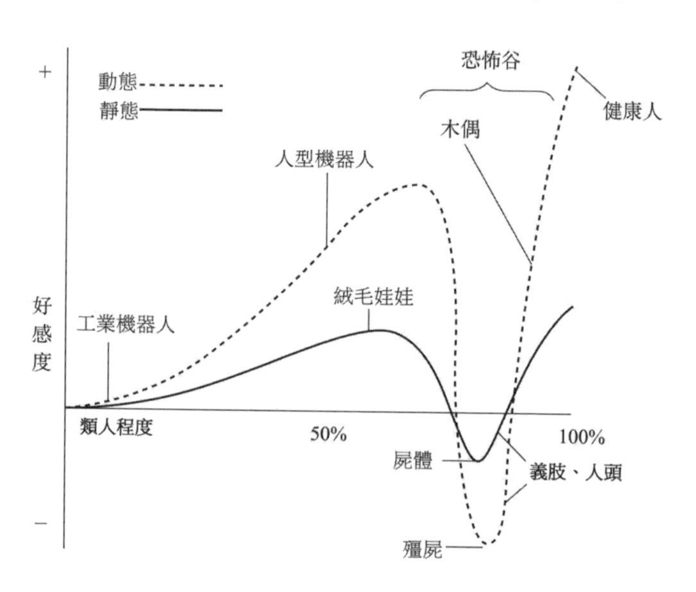

圖 2-12　恐怖谷理論示意圖

（杜嚴勇，2014）

正如歐洲媒體實驗室的布萊恩·達菲（Brian Duffy）坦言的那樣：「將社交機器人造得過於像人是對它的目的的背道而馳。」〔Making social robots too human-like may also defeat the purpose of robots in society (to aid humans).〕（2003, p.178）人形機器人或許是在將機器人設計引入歧途，而電影《星際效應》中貌不驚人的幾何形機器人塔斯之類的機器人才應該是正確的方向吧。

我們需要什麼樣的社交線索

社交線索（social cues）指的是社交場景中的一些言語的或非言語的細節，透過它們，人們可以做出相應的符合社交規範的判斷。臉部表情、語音語調、肢體語言等，都是常見的社交線索。比如透過臉部表情，我們可以揣摩出對方的心理狀態，適時地調整說話內容與方式，以達到預期的交流目的。如果缺乏對社交線索足夠的敏感，一個人往往會對社交場景掌控不足，從而被認為是不擅於交往的人，甚至孤僻的人。比如研究發現，孤獨的人的大腦在進行眼睛知覺或其他社交線索解碼時用到的大腦灰質比一般人要少；反之，如果能學會如何提高自己的社交知覺，孤獨的人就會有效地減少他們的孤獨感（Kanai et al., 2012）。

在人一機器人交流中，人同樣需要捕捉社交線索才能完成有效的交流。然而，機器人身上應該體現出多少社交線索才足夠呢？一個、兩個、三個，還是所有人類自身具有的社交線索機器人都需要具備？來自美國天普（Temple）大學的馬修·倫巴第（Matthew Lombard）及其學生許坤正在從社交臨場感（social presence）的角度回答這個問題，他們最終的研究成果值得拭目以待。然而現在差不多可以肯定的是，機器人其實並不需要具有人類所有的社交線索。雙子機器人是將社交線索運用到極致的一種機器人，試圖藉助完全的人形來自然激發人類的社交線索識別。這樣的理念固然是完美到極致的體現，但也未嘗不是對人類認知能力不自信的體現。只要設計得當，寥寥幾個社交線索就可以成功引導出卓有成效的人一機社會交往。

下面，我們就從常見的三個社交線索入手，討論一下在機器人身上，我們到底需要或者不需要什麼樣的社交線索。

1．性別

每個社會對性別的分工都有所不同，從而產生文化上「男性主義—女性主義」（masculinity-femininity）的維度差異（Hofstede, 1984）。在典型的男性主義文化下，男性與女性的差異被強調，兩者的分工也截然不同。通常，男性被要求具有領袖氣質，能在社會上獨當一面；而照顧家庭、撫育後代的工作則交給女性來完成。比如中國與韓國的文化便是典型的男性主義文化。而在女性主義文化下，兩種生理性別在社會分工上的分界線並不明確，男性也可以在家照顧小孩，女性也可以在事業上建功立業，比如北歐文化。

伴隨著對性別判斷而來的是每個人在社會長期生活學習而得來的社會規範的自然演練，所以性別線索不可或缺。舉個簡單例子，到目前為止，智慧手機中的個人助理 Cortana、Siri 和 Google Now，系統默認的語音是女性聲音。究其原因，除了因為女性聲音比男性聲音更令人愉悦，更因為女性更細心更注重細節的品質，女性助理與秘書也司空見慣，所以用女性聲音來做個人助理的默認聲音再合適不過了。不過，換一個場景，這個選擇可能就會完全錯誤。一九九○年代，BMW 曾召回 BMW 5 系列，僅僅是因為該系列的導航系統採用了女聲，而德國男人説他們拒絕聽從女性的指揮。

同時，微軟推出的聊天機器人中文版的小冰和英文版的 Tay 都是年輕女孩的形象，前者是十七歲，後者是十九歲。這大概也是在考慮當下網路文化中性別偏好後的權衡之作吧。

除了聲音之外，其他的社交線索也在明確地指出機器人的性別。二○一六年四月，中科大研發出機器人「佳佳」，引發熱議。這位貌美膚白、溫婉機智的高顏值機器人是在五名最美科大女生面容的基礎上做出的相貌改進，這是一名典型的「女性」機器人。然而，把這樣一個本來應當完全無性別的機器人人為強加這麼多性別線索，是否合適呢？

參與制定機器人學五原則的專家艾倫·溫菲爾德（Alan Winfield）就表示，設計一個性別化的機器人實際上是一種欺騙，有違「不能用欺騙性的方式來設計機器人，從而剝削易受傷害的使用者；相反，它們的機器屬性應當透明化」的原則。的確，透過外觀設計，或編寫出性別模式行為，讓人類相信機器人有性別或性別特徵，無異於欺騙別人一塊石頭是男性一樣。而一旦人類相信了機器人的性別化，便會對這個性別暗示作出反應，而同樣的反應是不會由無性別機器人引發的。擔憂不僅僅止於對人類的關心，機器人也同樣面臨被「性別歧視」的危險。社會學家們擔心的「物化女性」和「物化男性」的現象，將再次重演。

2·眼神

任何學過《公共演講》與《人際傳播》等課程的人都再清楚不過眼神接觸在人際交往與傳達資訊中的作用。眼神交流作為一個重要的社交線索，它是否能夠有效運用在很大程度上決定社會交往的效果。一項在倫敦進行的心理學試驗中，四百名受試者透過視頻與一個演員對視，對視時間各不相同，最後讓受試者評價在此過程中的舒適程度。研究者最後發現受試者普遍喜歡與演員對視三·二秒；如果演員看起來友善，那麼對視時間稍長也不會讓他們感到不適。同時，一個人越是相信自己熱情友善擅於合作，他們願意接受的眼神接觸時間越長（Moyer, 2016）。

這樣的人與人交流的法則，在人與機器人交流中同樣適用。美國著名技術心理學家雪莉·特克爾（Sherry Turkle）在其著作《群體性孤獨》（*Alone together*）一書中描述了一個在實驗室參加與機器人互動實驗的小女孩兒的故事：因為機器人沒有及時識別出小女孩兒，所以沒有用眼睛看她一眼，小女孩兒沮喪之下大哭一場。正因為如此，社交機器人往往被裝上象徵性的眼睛，即使有時這樣的做法並無實際的用處。

即使在聊天機器人這樣以文字交流為主導的應用中，眼神接觸的增加也會提升使用者的交流體驗。雷·庫茲韋爾的網頁上提供了一個聊天機器人拉蒙娜 Ramona（訪問網站 kurzweilAI.net 並點擊「與拉蒙娜聊天」）。從一九五六年的第一代，到二〇〇一年的第二代，到二〇〇三年的第三代，再到二〇一三年推出的第四代，除了智慧水平的提升和形象的摩登變化外，最新一代還擁有了跟隨滑鼠移動的眼神。雖然有時略顯笨拙，但總體來説會讓聊天者感受到文字之外的一絲關注。

眼睛的存在與否，其實並不是關鍵。核心問題是人類在與機器人交流中感覺受到了多少關注。目前不少機器人都具有視覺識別功能，一旦鎖定交流對象，機器人的眼神就會跟著走。跟日本軟銀機器人「胡椒」（Pepper）交流過的人應該知道，這樣的眼神接觸是蠻不錯的體驗（見圖 2-13）。

圖 2-13　與 Pepper 的眼神接觸

3．臉部表情

相信不少人做過這樣的 EQ 測試：從一系列的人物臉部照片中判斷出所表達的情緒；正確率越高，説明受試者的 EQ 越高。儘管我不清楚這個測試的可信度如何，但是，至少顯示出人類對表情的敏感程度在社會交往中具有不可忽視的作用。

人類臉部的表情肌肉有四十多塊，臉部表情是由臉部一處或多處部位的肌肉牽動所產生的。人類的臉部表情至少有二十一種。美國俄亥俄州立大學的研究人員利用一個叫臉部運動編碼系統的電腦軟體，對兩百三十人的約五千張臉部表情照片一一分析，識別被用於表達情感的臉部肌肉。結果發現，人臉獨特且可辨識的情緒表達比以前認為的要多。除了常見的六種基本表情（高興、吃驚、悲傷、憤怒、厭惡和恐懼）外，人們還會把它們結合起來，創造出諸如驚喜（高興＋吃驚）、悲憤（悲傷＋憤怒）等十五種可被區分的複合表情。比如說，高興的特點是：嘴角拉向後方、面頰往上展；吃驚的特點是：眼睛睜大、嘴張大；而驚喜則結合了前兩者的特點：眼睛睜大、面頰上抬、嘴張大的同時嘴角向後拉（Du, Tao, Martinez, 2014）。

通常來說，簡單一點的表情比較容易被識別，而複雜的表情則往往被誤讀。然而，虛擬環境中的交流，人們似乎並不滿足生理上呈現出的表情，而賦予林林總總的表情符號以特殊的含義。在一次網路聊天中，我的一個「九〇後」學生有感於我在使用「☺」這個表情符號所犯下的錯誤，對我進行了耐心的指導：這個看似最基本的表情符號已經被衍生出一種「面對對方憤怒的回擊，或者給予諷刺性微笑」的複雜含義[15]。這確實讓我猝不及防。

相對於這樣基於代溝間的網路文化差異而言，基於地域的表情符號文化差異反而存在於合理範圍之內。二〇一四年傳播學頂級期刊《傳播學期刊》（*Journal of Communication*）專門發表了一期大數據特刊。三位韓國學者將 Twitter 上近乎全部數據進行了分析，發現在七十八個國家的 Twitter 使用者中，來自個人主義文化的使用者更喜歡使用橫向的嘴部反映出的表情符號（horizontal and mouth-oriented emoticons），比如：)；而來自集體主義文化的使用者則更喜歡縱向的眼部反映出的表情符號（vertical and eye-oriented emoticons），比如 ^_^ 或 T_T（如表 2-2）。研究者解釋說，這與兩種文化下使用者的含蓄程度有關。個人主義文化推崇獨立、自我，所以可以毫不忌憚地做牽動更多肌肉的嘴部表情。相對而言，來自集體主義文化的使用者更

15 在此感謝石雨欣小姐圖文並茂的耐心解釋。

含蓄，所以傾向於透過少數的肌肉從眼部周圍表達出情感（Park, Baek, Cha, 2014）。

表 2-2　Twitter 上的表情符號歸類（Park, Baek, Cha，2014）

<table>
<tr><th></th><th></th><th>水平形式的表情符號</th><th>垂直形式的表情符號</th></tr>
<tr><td>標準形式</td><td>眼睛</td><td>: ;</td><td>;^T@ − oOXx + = ><</td></tr>
<tr><td></td><td>嘴巴</td><td>( ) { } DP pb oO oX #|</td><td>—</td></tr>
<tr><td></td><td>流行的表情符號例子</td><td>:) :(:o :P :D</td><td>^^ T_T @@ -_- o.o</td></tr>
<tr><td>變型體</td><td>嘴巴</td><td>:)) ;(((</td><td>^___^</td></tr>
<tr><td></td><td>鼻子</td><td>:-) :-(:-[</td><td>^.^ ^-^ -.-</td></tr>
<tr><td></td><td>眼淚</td><td>:'(:*(</td><td>T.T</td></tr>
<tr><td></td><td>頭髮</td><td>>:(=:-)</td><td></td></tr>
<tr><td></td><td>汗水</td><td></td><td>^^; -_-;;;</td></tr>
</table>

回到智慧機器的表情上來，想要真實地再現人類臉部表情是一個極大的挑戰。臉部肌肉的運動牽引皮膚產生不同的褶皺，普通的橡膠或矽膠難以實現這一點。臉部表情的使用還需要與語言、嘴唇動作和身體姿勢相配合，所以完全的仿真並非正途。正如西方油畫中的寫實派，在相機誕生之前極力再現人物的一絲一毫，但在思想意境的傳達上，卻不見得就比東方的寥寥幾筆來得更生動出彩。我們已經看到這樣的例子，只要表情的核心特徵使用到位，我們同樣能夠捕捉到情緒。不信你試試，看看你能否僅僅透過一雙眼睛就判斷出下面圖中機器人的表情[16]？（見圖 2-14～圖 2-18）

16 均來自電影《瓦力》。

圖 2-14　機器人艾娃的警惕表情

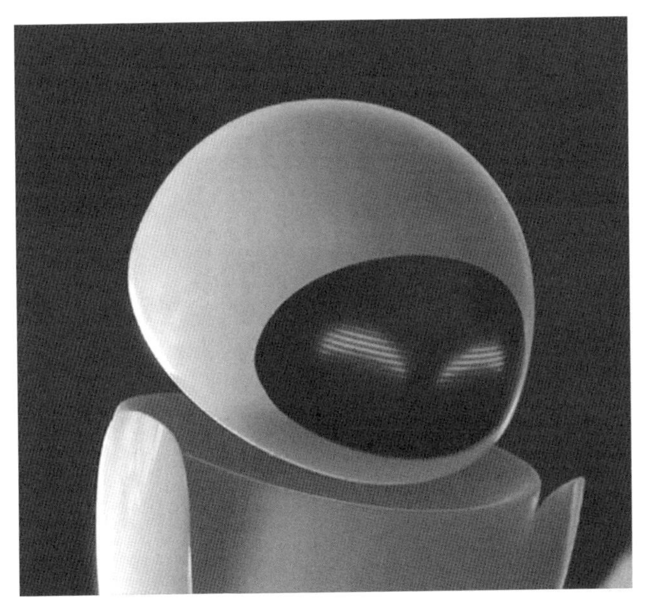

圖 2-15　機器人艾娃的竊笑表情

圖 2-16　機器人艾娃對新奇之物展示出執著興趣時的表情

圖 2-17　機器人艾娃弄壞東西之後的心虛與羞愧表情

圖 2-18　機器人艾娃的震驚表情

參考文獻：

[1]Du S, Tao Y, Martinez A M. Compound facial expressions of emotion [J].PNAS, 2014, 111(15).

[2]Duffy B R.Anthropomorphism and the social robot [J].Robotics and Autonomous Systems, 2003, 42: 177-190.

[3]Hofstede G.Culture's Consequences: International Differences in Work-related Values [M].New York: Sage, 1984.

[4]Kanai R, Bahrami B, Duchaine B, et al. Brain structure links loneliness to social perception [J].Current Biology, 2012, 22(20): 1975-1979.

[5]Keysers C, Gazzola V.Integrating simulation and theory of mind：From self to social cognition [J].Trends in Cognitive Sciences, 2007, 11(5), 194-196.

[6]MacDorm an K F. Androids as an experim ental apparatus: Why is there an uncanny valley and can w e exp loit it [D].The CogSci 2005 workshop: tow ard social m echanism s of android science, 2005.

[7]Moyer M W. Eye Contact: How Long Is Too Long? [J/OL].Scientific American, 2016, 1. http://www.scientificamerican.com/*article/eye-contact-how*-long-is-too-long/.

[8]Park J, Baek Y M, Cha M. Cross-Cultural Comparison of Nonverbal Cues in Emoticons on Twitter: Evidence from Big Data Analysis [J].Journal of Communication, 2014, 64: 333-354.

[9]Reeves B, Nass C. The Media Equation: How People Treat Computers, Television, and New Media Like Real People and Places [M].Stanford, CA: CSLI, 1996.

[10] 杜嚴勇．情侶機器人對婚姻與性倫理的挑戰初探 [J]．自然辯證法研究，2014，30（9）：93-98。

第八節
文化的差異

打破文化的疆域並不是一件輕而易舉的事情。即使在創造和使用人工智慧與機器人這樣一件極具未來感的事情上，文化的影響也同樣顯而易見，並且根深蒂固。萬物有靈論在東西方文化中的接受程度導致了機器人設計理念的不同，更不用提不同文化下的使用者在使用機器人上所體現出來的文化差異。

文化的邊界

一九六〇年代，媒體生態學家馬歇爾・麥克盧漢提出「地球村」的概念，在當時可謂石破天驚。回想一下當年的全球局勢，美蘇爭霸進行得如火如荼；中蘇關係惡化，中國開始進入混亂的年代；民權運動、女性解放運動在西方國家裡積極展開。在這個時代背景下依然能放眼未來，指出全球化的趨勢，麥克盧漢的洞見和膽量不能不為人所稱道。然而，即使在二十一世紀上半葉的今天，地球村是否能成為現實，依然是值得懷疑的事情。

表面看來，科技的便捷使全球的聯繫更加緊密。乘坐最快的噴射式飛機環遊地球不到二十四小時，而不是儒勒・凡爾納（Jules Verne）小說中的八十天。以美國文化為代表的娛樂文化資訊深入地球表面的每一個毛孔。幾年前我在香格里拉旅行時，一個十幾歲的藏族女孩嚮導指定要聽 Lady Gaga 的歌曲，並說她最喜歡的歌是 Poker Face。僅從人口數量來看，擁有全球超過十億活躍使用者的 Facebook 成為僅次於中國和印度的第三大「國家」。我們還可以列舉出太多太多的指標指向全球化無邊界的地球村。

然而真的是這樣嗎？

Facebook 創始之初就開始堅持「堅持真實，堅持本地化」(Keep it real. Keep it local.)。因為作為線下世界的網上投射和延伸，社交網站必需根植於當地文化之中。比較一下巴西版的 Facebook 與美國版的 Facebook，這個差異就會自然呈現出來。正如印度名言所說：「不是本土，就是入土。」這想來有些讓人沮喪。在這個號稱全球化的時代，在平與圓、乾與濕之間，虛擬網路仍然存在著諸多觀念迥異、文化多元、民族意識紛繁且邊界清晰無比的文化疆域。文化沒有全球化(globalization)，只是全球區域化(glocalization)了而已。用法國社會學家弗雷德里克・馬特爾(Frédéric M artel，2015)的觀點來說，網路上沒有「國界」(borders)，卻仍然存在「邊界」(frontiers)。

如果說文化是在明確界定的群體裡共享的價值觀、信念、規範行為與實踐的規則的集合體的話，那麼在今天，這樣純粹單一的文化已經不復存在了。傳統的東方與西方的二元對立論已然失效，即使在同一個國家裡，基於地理、歷史和其他原因，都會存在諸多不同的亞文化，尤其是大國裡，打破文化的疆域並不是一件輕而易舉的事情。不僅僅是網路的使用，在創造和使用人工智慧與機器人這樣一件極具未來感的事情上，文化的影響也同樣顯而易見，並且根深蒂固。

創造的文化

作為機器人製造的領先者，美國和日本的機器人製造傳統由來已久。然而細觀之，就能發現兩者的差異。首先從數量上來說，按照近期的統計數據，美國一萬個製造工人中只有一百三十五個機器人，而日本則是三百三十九個。這固然是由於經濟原因造成的，美國有大量廉價的移民勞動力，而日本這個老齡化社會卻缺乏足夠的勞動力，但是文化的力量也不容忽視。早在二〇〇四年一篇《今日美國》（*USA Today*）的報導中，作者凱文·曼尼（Kevin Maney）就寫道：「美國實驗室和公司通常把機器人作為工具。而日本人則把它們視為存在物（being）。這就解釋了很多來自日本的機器人項目（與美國的不同）。」

在二〇〇五年《經濟學人》（*The Economist*）上的一篇名為「比人類還好」（Better than People）的文章則分析了為何日本人希望他們的機器人更像人。一方面，老齡化的社會需要大量的護理機器人，這是一個百億級的市場；而另一方面，這和日本文化有著密不可分的關係。日本的神道教（shintoism）和佛教都崇尚萬物皆有靈性（animism）和神性，無論是生命體還是非生命體。所以機器人可以有靈魂，而人從事的所有活動都是在神的指示下進行的，包括機器人的製造。所以，日本人更容易接受機器人作為人類的陪伴者而存在（Levy, 2007）。日本的機器人形象友好而和善，如一九五〇年代備受喜愛的原子小金剛和一九八〇、九〇年代的機器貓哆啦 A 夢一樣。

西村惠子（Keiko Nishimura）是一位出生於東京長在美國的日裔研究者，現為美國北卡萊羅拉大學的傳播學博士生。在她的一項關於 Twitter 上的社交聊天機器人的參與式觀察[17]的研究中，她從二〇一〇年六月至二〇一一年七月期間在 Twitter 上關注了二十個日本的角色聊天機器人（character bots），並與它們互動。通常認為，聊天機器人與人之間的成功對話取決於機器人展示了多少的人性（humanness）。然而從這個被 Nishimura 稱為「半自動粉絲虛構小說」（semi-autonomous fan fiction）的現象中，這些角色機器人並不需要「透過」人的基準線才能成功。相反，成功的人機交流反而強調了「非人性」（nonhumanness）（Nishimura, 2017）。

---

17 一種常用的社會科學研究方法，研究者在參與研究過程的同時保持中立的觀察。

形成鮮明對比的是，在西方文化裡，從《銀翼殺手》、《魔鬼終結者》，再到最近的《人造意識》，人類被機器人毀滅的末世警言總是大行其道，其中一個原因是來自宗教的影響。在西方人的觀念裡，萬物均由上帝創造。製造機器人在某種程度上，如科幻作家艾西莫夫所說，是在模仿上帝對人類的創造，因而被認為是在褻瀆神靈。對此反對最強烈的當屬猶太教。希伯來傳說中有「魔像」（Golem）的隱喻，這個被拉比（Rabbi Eliyahu）用黏土、石頭和青銅製成的無生命的巨人 Golem，不斷「長大」，並試圖逃出人類的控制。最後，鬥爭的結局是魔像的倒塌和創造者被壓死在廢墟中。所以「十誡」中禁止猶太人製作任何具體形象：「不可為自己雕刻偶像，也不可做什麼形象，彷彿上天、下地和地底下水中的百物。」這個魔像的隱喻也延續到了瑪麗·雪萊的《科學怪人》，艾西莫夫的《我，機器人》，以及其他諸多表達對機器人或人造人的恐懼的作品之中（Bar-Cohen, Hanson, 2015）。

一九五〇年代，麥克米倫（R. H. MacMillan, 1956）就在其著作《自動化，是敵是友？》（*Automation, Friend or Foe?*）中問道：「在這個古老的寓言裡，是否有對今天人類的警告？」西方文化裡用伊甸園裡的蘋果和巴比倫塔的故事警醒世人提防道德的誘餌，而如今這個誘餌變成了人造人。就像巴比倫塔的建造一樣，如果人類夠得太高，必定自取滅亡。所以面對誘惑，人類不得不一方面憧憬著美好的前景；另一方面又對隨時來臨的威脅保持警覺。

另一個原因則需要追溯西方科學技術發展的歷程。美國歷史學家、科學哲學家劉易斯·芒福德（Lewis Mumford）在其經典著作《技術與文明》（2009）中闡釋了萬物均有靈魂的思想所引發的問題。在人類漫長的發展過程中，泛靈論（Animism）讓我們把目光侷限於人類的渺小之中，而看不到整個大自然的宏偉。我們追逐的技術不過是人身體的投影：槓桿是手臂，風箱是肺，透鏡是眼睛，水泵是心臟，鎚子是拳頭，電報是神經……就連沃康松（Vaucanson）製造的機械鴨子，也一定要具有排泄的功能，才被認為是唯妙唯肖的。幾千年來，這種思想阻礙著技術的進步，直到十六世紀初，單一聖靈論取代了泛靈論，機械與靈魂分離，獨立的井然有序的世界才開始存在。而笛卡兒更進一步將世界的秩序從上帝之手交到了機器那裡，從而產生了影響後世幾百年的二元論。所以說，將機器與靈魂分離，是科技進步的必經之路。

使用的文化

除了機器人製造上的文化差異外，個體使用者在使用習慣與偏好上也是千差萬別。這些差異，除了個人帶有自我特色的因素外，集合起來便反映出文化的差異。媒體生態學家尼爾・波滋曼曾提出一個關於文化與會話的觀點，他認為：「整個文化就是一次會話，或者更準確地說，是以不同象徵方式展開的多次會話的組合。」（2015, p.7）雖然這樣的觀點將人類文化過於簡化為表面特徵，但不失為有洞見的理解。正如深受基督教薰陶的國度裡難以產生雙子人形機器人一樣，我很懷疑在權力等級不那麼森嚴的文化裡，人們會喜歡機器人以「主人您好，您需要什麼服務」的開機問候語來迎接使用者嗎？

目前因為社交機器人和人工智慧尚未在普通老百姓家庭裡普及，各國的實證研究還僅僅停留在本土文化下的經驗累積上，尚未形成成型的跨文化比較。然而，從各國使用者對其他新媒體技術的使用經驗中，我們大可以管中窺豹一番。

以常見的網頁設計為例，你可能認為全世界的網頁都差不多。其實不然。來自捷克布拉格的揚・布瑞卡（Jan Brejcha）博士長期以來致力於探究不同文化下人機交互（human-computer interaction）與使用者體驗（user experience）的差異。在中國與捷克使用者的網頁介面使用比較中，他發現了一系列有趣的現象（2014）：對重要資訊在頁面上的擺放位置，中國使用者最習慣於左上方，而捷克使用者最習慣於頁面中央；而新資訊的擺放位置，中國使用者則最習慣頁面中央，而捷克使用者習慣於右上方；如果資訊是熟知的內容，那麼中國使用者傾向於它在右下方，而捷克使用者傾向於左上方。由此可見，僅僅是不同類型的資訊在網頁頁面上的布局，就能引發不小的跨文化混亂。同時，色彩的選擇也頗能反映出不同文化下的差異。奧運會上入場式時中國隊的「番茄炒雞蛋」的紅黃搭配被很多人詬病，這一點其實也反映在網頁設計中。當問到對紅色背景黃色字體的感覺時，多達百分之六十五的中國使用者給出了負面的打分；而捷克使用者稍稍寬容一點，只有百分之五十的使用者反感這樣的色彩選擇。正因為如此，顏色、空間組織、字體、形狀、符號與比喻、位置、語言、標記、聲音和動作，被稱為網頁介面設計的文化標記（cultural marker）（Badre, 2001）。

這樣的「文化標記」也很容易被推廣到人工智慧與機器人的使用上。比如一個社交機器人與使用者保持的距離，肢體語言的使用，情緒的表達方式等，都可以對不同的文化進行標識。為此，我請教了一家社交機器人製造公司的負責人。這家公司生產的機器人的工作場景是公司入口的前台處，除了對員工與客人迎來送往之外，還能夠簽收快遞，充當信使。看似如此簡單的日常操作中，對機器人而言涉及了幾十個參數，包括聲調的大小、動作的尺度等。針對不同的文化，透過調節這些參數，就可以在不同文化裡切換。

是文化，也是軟實力

二〇一六年國際傳播學會日本福岡年會上，來自東京大學的前日本文化事務署專員近藤誠一（Seiichi Kondo）先生出現在開幕式上並作了主題發言。雖然他並非新聞傳播學出身，卻討論了一個具有深刻意義的傳播問題：國家如何藉助軟實力（soft power）塑造並傳播自己的國際形象？在其講演中，Kondo 先生不止一次提到了 Hello Kitty 在世界各地的流行。如果聯想到在此之前剛剛發生的熊本縣地震的話，我們不難發現一頭蠢萌的熊本熊發揮出

身價數十億的日本熊本熊新時代時尚男神

的軟實力同樣不可小覷。

這樣的心思也放在了機器人的推廣戰略上。二〇〇二年，由柴田崇德（Takanori Shibata）研發的海豹型社交機器人「帕羅」被《金氏世界紀錄》評選為「最具治療性的機器人」（見圖 2-19）。二〇〇九年，丹麥政府為本國養老院預訂了一千台帕羅；同年，帕羅進軍美國市場。這樣一款旨在喚起使用者的傾訴欲的社交機器人，沒有採用日本人擅長的雙子人形機器人的模樣，而是使用了全球老幼通吃的可愛動物的形象，成功地規避了恐怖谷的陷阱，這一點做得非常巧妙。

圖 2-19　帕羅，二〇一六年六月攝於日本福岡

因為製造文化的差異，雙子類人機器人的製造主要集中在日本、韓國與中國，歐美國家卻少見。然而，如果未來中國需要進軍歐美市場，這樣的文化差異的問題是不能迴避的。在這裡，我給出的唯一建議就是：遠離極度仿真的人形機器人，因為它只會把機器人設計帶上歧途。

參考文獻：

[1]Badre A. The effects of corss cultural interface design orientation on World Wide Web user performance [EB/OL]. http://smartech.gatech.edu/bitsream/handle/1853/3315/01-03.pdf?sequence=1.

[2]Brejcha J. Cross-Cultural Human-Computer Interaction and User Experience Design: A Semiotic Perspective [M].Boca Raton, FL: CRC Press, 2014.

[3]Levy D. Love and Sex with Robots [M].New York: HarperCollins Publishers, 2007.

[4]MacMillan R H.Automation, Friend or Foe? [M].Cambridge: Cambridge University Press, 1956.

[5]Nishimura K. Semi-autonomous fan fiction: Japanese character bots and nonhuman affect [A].Bakardjieva R G M. Socialbots and Their Friends: Digital Media and the Automation of Sociality [C]. New York: Routledge, 2017.

[6] 弗雷德里克・馬特爾・智慧——網路時代的文化疆域 [M]. 左玉冰，譯・北京：商務印書館，2015。

[7] 劉易斯・芒福德・技術與文明 [M]. 陳允明，王克仁，李華山，譯・北京：中國建築工業出版社，2009。

[8] 約瑟夫・巴科恩，大衛・漢森・機器人革命：即將到來的機器人時代 [M]. 潘俊，譯・北京：機械工業出版社，2015。

[9] 尼爾・波滋曼・娛樂至死・章豔，譯・北京：中信出版社，2015。

03 The third chapter

第三章

傳播的效果

第一節
人機傳播

從第二章的討論裡，我們已經看到了人工智慧作為一個嶄新的交流者會給我們的交流模式帶來很多的不同。然而，交流並非止於模式，其效果更是需要考察的對象。第三章裡，我們將討論人工智慧作為一個嶄新的交流者會給我們的交流效果帶來怎樣的影響。就讓我們從理論開始吧。

從人與人交流到人—機—人交流

在第二章開始的時候，我們介紹了傳播的基本模型：資訊從信源經過管道夾雜著噪聲到達信宿，然後信宿再將回饋（如果有的話）傳遞給信源。如果用幾個詞來總結，就是五個 W：誰（who），對誰（whom），透過什麼管道（which channel），說了什麼（what），有了何種效果（what effect）。這就是傳播學的鼻祖之一哈羅德・拉斯威爾（Harold Lasswell, 1948）著名的 5W 模型。這樣看似簡單樸素的 5W 模型可以運用在紛繁複雜的傳播現象上，上至一個國家的政治宣傳，下至老百姓的私房話。

最司空見慣的交流場景當然是人與人的面對面交流：甲透過個性化的方式，對乙，透過空氣（管道），說了怎樣的話，產生了怎樣的傳播效果。當然，傳播的資訊不僅僅是字面上的，非言語的資訊也很重要。擅長對話描寫的中國古典小說家堪稱人際交流的一流觀察家。大師曹雪芹在《紅樓夢》第三十回《寶釵借扇機帶雙敲齡官劃薔痴及局外》裡就描寫了這樣一個絕妙的人際交流場景：

「林黛玉聽見寶玉奚落寶釵，心中著實得意，才要搭言也趁勢兒取個笑，不想靛兒因找扇子，寶釵又發了兩句話，他便改口笑道：『寶姐姐，你聽了兩齣什麼戲？』寶釵因見林黛玉面上有得意之態，一定是聽了寶玉方才奚落之言，遂了他的心願，忽又見問他這話，便笑道：『我看的是李逵罵了宋江，後來又賠不是。』寶玉便笑道：『姐姐通今博古，色色都知道，怎麼連這一齣戲的名字也不知道，就說了這麼一串子。這叫《負荊請罪》。』寶釵笑道：『原來這叫作《負荊請罪》！你們通今博古，才知道『負荊請罪』，我不知道什麼是『負荊請罪』！』一句話還未說完，寶玉林黛玉二人心理有病，聽了這話早把臉羞紅了。鳳姐於這些上雖不通達，但見他三人形景，便知其意，便也笑著問人道：『你們大暑天，誰還吃生薑呢？』眾人不解其意，便說道：『沒有吃生薑。』鳳姐故意用手摸著腮，詫異道：『既沒人吃薑，怎麼這麼辣辣的？』寶玉黛玉二人聽見這話，越發不好過了。寶釵再要說話，見寶玉十分討愧，形景改變，也就不好再說，只得一笑收住。別人總未解得他四個人的言語，因此付之流水。」

寥寥幾行字就把寶黛釵三人的鬥氣描繪得活靈活現。而鳳姐最後藉生薑的比方巧妙化解了三人的怨氣，不可謂不機智老練。如果換一個時空，把這段交流放在今天，走在時代尖端的寶黛釵三人理所當然會使用社交媒體。如此一來，這段對話很可能就變成了家族群組裡的這樣一段對白：

黛玉：寶姐姐，你聽了兩齣什麼戲？

寶釵：一個賠不是的故事。

黛玉：哦，講的是什麼？

寶釵：李逵罵了宋江，後來又賠不是。

寶玉：姐姐通今博古，色色都知道，怎麼連這一齣戲的名字也不知道，就說了這麼一串子。這叫《負荊請罪》。

寶釵：原來這叫作《負荊請罪》！你們通今博古，才知道「負荊請罪」，我不知道什麼是「負荊請罪」！☺

寶玉：lol[1]……

如果缺失了一開始對黛玉笑意的捕捉，寶釵大概是不會把一個簡單的問題升級為三人的口水戰爭，也無須後來鳳姐的妙語解圍吧。所以，當人與人交流轉化為人一機一人交流的時候，中間作為管道的機（廣義的電腦，也包含手機等其他新媒體技術）的引入，會帶來交流效果的顯著變化。

人一機一人交流在傳播學上的專業術語叫作電腦輔助傳播（Computer-Mediated Communication, CMC），早在全球資訊網進入全球千家萬戶之前，這個研究領域就誕生了。關於人一機一人的傳播效果，隨著時代的變遷和技術的發展，先後誕生了三大類的理論；而這三類理論可以依據人一機一人傳播效果與人與人面對面傳播效果的比較，歸結為前者更差、兩者不相上下、後者更差的類別。

第一類的「人一機一人劣於人與人面對面」的理論觀點，應該最直觀也最好理解。因為兩個人之間隔著電腦和網路，使能夠在面對面時輕而易舉獲得的資訊，比如對方的氣場、語調、神態、容貌等，都統統缺失了；在網路發展早期，當交流手段主要為文字交流的時候尤其如此。同時，另一點很致命的是交流的非及時性，一方的資訊需要等上一段時間，幾分鐘、幾小時、甚至幾天，才能被對方看到。待到對方做出反應的時候，交流的語境早已時過境遷。正因為如此，這一類的理論，比如由約翰・肖特（John Short），艾德瑞・威廉姆斯（Ederyn Williams）和布魯斯・克里斯蒂（Bruce Christie）三人在一九七六年提出的社交臨場理論（social presence theory）以及理查德・達夫特（Richard Daft）和羅伯特・倫格爾（Robert Lengel）在一九八六年提出的媒體豐富度理論（media richness theory），都一致認為在交流效果

1 英文裡 laugh out loud（放聲大笑）的縮寫。

上，人一機一人交流遜於人與人面對面交流。前者認為因為技術的侷限，使使用者的臨場感不足，導致傳播效果變差。後者則從社交線索（social cues）的數量、回饋的及時性（immediacy）、自然語言的運用以及資訊的個人訂製化（message personalization）四個方面衡量每種媒體技術，從而決定傳播效果的好壞。比如，電視同時可以觀看圖像和聆聽聲音，所以在媒體豐富度上優於只能聽聲音的廣播；而視訊聊天中的媒體豐富度遠大於純文字的即時通信聊天，所以前者效果更好。

除此以外，網路發展早期強調很多的匿名性（anonymity）也會給傳播效果帶來影響。在很多線上場合（比如非實名制的論壇），因為每個使用者的身份未知，每個人經歷的是去個人化（deindividuation）的交流體驗。缺乏社會身份的束縛以及可以預期未來不會有任何交集互動，使用者們可以變得「肆無忌憚」。所以我們會看到一個現實生活中彬彬有禮的人在網上變成了反社會的暴徒。這種現象被兩位學者馬丁．利（Martin Lea）和羅素．斯皮爾斯（Russell Spears）（1992）解釋為社會身份的去個人化模型（the Social Identity Model of Deindividuation Effects，簡稱 SIDE 模型）。

但是，是否人一機一人交流的效果就一定比人與人面對面的交流效果差？也有學者提出了質疑的觀點。一九九二年電腦輔助傳播領域的重量級人物約瑟夫．沃爾特（Joseph Walther）發展了社會資訊處理理論（social information processing theory），他指出，如果給出足夠長的時間，人一機一人交流的效果會達到人與人面對面的交流效果，因為在頭幾次人一機一人交流中缺失掉的非言語資訊會隨著關係的進展被逐漸彌補起來。所以儘管還是做不到面對面，但是對方的脾氣秉性、氣味神態、音容笑貌都會最終完全地反映出來。舉個例子，即使一開始不透露性別與教育水平，但是行文之中用到的詞彙、說話的方式，都能夠讓人捕捉到身份的端倪。國外有經驗者甚至寫出一套程式，只要向其中輸入對方的話，就能判斷出說話人的性別，準確率優於隨機猜測。

然而現實生活中我們還目睹了一種情況，就是線上的傳播效果優於線下。不知道你身邊有沒有過「見光死」的網上戀情？在網上談戀愛談得如膠似漆，轉入線下之後感情迅速地凋零。在二十一世紀之初 FB 和 BBS 剛剛開始流行的時候，這樣的例子屢見不鮮。我的兩個朋友，一個中文系的女生，一個物理系的男生，在研究所階段談起了網戀。雖然一直沒有見過面，但是感情發展迅速。然而男生的父母催他回去相親結婚，無奈之下，男生與女生終於見面。最後的結局出乎所有人的意料：男生迅速地回老家娶了家裡安排的相親對象……

為何人－機－人交流發展出的情感甚至會濃於人與人面對面發展出的情感呢？傳播學家約瑟夫·沃爾特於一九九六年提出的另一「超個人理論」（hyperpersonal theory）給出了這樣的解釋：因為電腦輔助技術的延時性和管道侷限性，使資訊的發送方能夠選擇發送符合自己期望形象的資訊；同時資訊的接收方則過度解讀這些資訊，並將發送方理想化。透過不斷的正回饋疊加，雙方的理想印象會不斷被強化。比如那個中文系的女生相貌平平卻文思敏捷，透過有意無意的才華展示，她透露出自己更美好更有吸引力的一面。而網路對面的男生因為只見文字不見真人，自然而然將才華橫溢與如花似玉聯繫在一起，勾勒出一個才華容貌俱動人的女子形象。當然，這樣海市蜃樓般的情感關係往往經不起現實的考驗，當並不理想的資訊在面對面交往中撲面而來的時候，無數「見光死」的「悲劇」便發生了。

從人－機－人交流到人－機交流

在人－機－人交流中，機器僅僅扮演了傳播管道的角色。交流中，處於資訊傳播終點的雙方都清楚交流對象作為人的屬性，即便他們很多時候並未掌握對方太多的身份資訊。然而，隨著技術的發展，機器扮演的角色進一步豐富起來。機器不再「滿足」信道的身份，而開始以獨立信源的模樣進入交流的舞台。

也許此時你的腦海裡已經浮現出無數科幻影視作品中機器與人順暢交流

的場景，可能是《超完美嬌妻》中美豔溫順的賽博格（cyborg）[2]妻子，或是《機械公敵》中的一眾心懷鬼胎的護理機器人。不管這些具有十足交流功能的機器是以美好光鮮的形象出現還是以邪惡醜陋的形象出現，我都不得不先打斷一下你的思緒，把你拉回真實的世界中來，看看當下的人一機交流的問題。

在強人工智慧誕生之前的當下，機器的交流能力有限。所以，當我們在談論人一機交流的時候，我們談論的是還比較粗淺的交流問題。早在一九九〇年代，史丹佛大學的巴倫．李維斯（Byron Reeves）和克利夫．納斯（Clifford Nass）教授（1996）就圍繞著人類如何對電腦、電視以及新媒體作出社交反應的問題展開一系列的研究。在他們完成的幾十個實驗裡，他們發現了一系列有意思的現象。比如，當人與電腦A合作完成某項任務之後，這台電腦A問這個合作者：「我表現得怎樣？」那麼合作者會給出一個相當正面肯定的答案。但是如果是其他電腦問這個人「電腦A表現得如何呀」的話，答案往往不會這麼正面。這與我們人際交流的經驗一致：被本人直接詢問的時候，我們往往為了顧及對方的感受和面子而給出正面的肯定；而面對第三方的詢問時則給出更中肯客觀的答案。所以，人際交往中的禮貌原則，在人與機器交流中同樣適用，即使對方是沒有感覺的機器。而反過來，即使對方是一台毫無知覺的機器，人們在受到它的好評時，一樣會飄飄然起來。

在對媒體與行為規範、媒體與人格特性、媒體與情感、媒體與社會角色以及媒體與外在形態等各個方面展開多項研究之後，巴倫．李維斯和克利夫．納斯兩位教授提出了媒體等同理論（the media equation），即媒體等同於真實生命（media equal real life），人們會把電腦和其他人工機器作為社會角色來對待（1996）。

這一理論提出後立即受到了業內包括比爾蓋茲的廣泛讚譽。回想

2 又稱電子人或半機械人。該詞於一九六〇年由曼弗雷德．克萊因斯（Manfred Clynes）和內森．克蘭（Nathan Kline）創造，用來描述由人工控制的和自然有機的部分連接的有機體。

一九九〇年代，電腦與網路方興未艾，網路泡沫正在慢慢形成，人們對新媒體的強大力量讚歎之餘，卻又對這樣的新生事物顯得有些無所適從。這個理論的提出掃去了大家心裡的一絲陰霾，面對即使強大如斯的機器，我們也只要「做好自己」就可以了。

與此對應的是，一九九〇年代，在業內，擬人化的介面正在變得流行。電腦介面設計師開始嘗試將可以社交（即聊天）的卡通形象加入冷冰冰的操作介面，以期透過社交互動提升使用者的使用體驗。李維斯和納斯教授受聘於微軟，參與了很多人們熟知的操作介面設計，然而，這期間微軟的兩項舉動卻被人廣泛詬病。一個是微軟 Bob，一個是 Office 助手 Clippy。我還記得當年在使用微軟 Word 文檔時，時不時會跳出來討厭的回形針小人 Clippy，一方面降低了使用者使用程式的速度；另一方面分散了使用者的注意力。因為使用者的消極反應，Bob 和 Clippy 最終被取消。當然，這兩個失敗的嘗試並非證明了媒體等同理論的錯誤。後來的觀察者一致認為失敗的根源在於微軟打造和應用這一理論的方式，因為「儘管沒有人被這個角色（註：指 Clippy）離開時的噴嚏噴一身，但這也會被視作社交上的不恰當行為、粗魯行為。雖然它們只是螢幕上呆呆傻傻的小動畫，但大多數人仍然會對這種行為作出消極的回饋」（馬爾科夫，2015，p.187）。一直等到二〇一一年蘋果推出 Siri，以及二〇一三年電影《雲端情人》的成功，媒體等同理論才在業界得到了正名。

在此之後，李維斯和納斯兩位學者及門下弟子繼續朝著這個思路發展，提出了電腦作為社交對象的範式（Computers Are Social Actors; CASA, Nass, Moon, 2000）。這一學說影響了後來一代該領域的研究，比如他們的學生。美國天普大學（Temple University）專攻媒體輔助的臨場感（presence）研究的馬修．倫巴第（Matthew Lombard）教授及其學生許坤就在二〇一六年提出媒體作為社交對象的範式，作為 CASA 理論在二十一世紀的延伸。他們提出：每一種人造技術都有至少一些激發人類社交反應（social response）的潛力；社交線索（social cues），及它們與人類特徵、個人因素、環境因素的組合會導致人把媒體當作社交對象。同時，每個人都或多或少地具有把媒體當作社交對象的趨勢，這與使用者的無心狀態（mindlessness）以及機器的擬人態（anthropomorphism）相關（Lombard, Xu, 2016）。

伴隨著多種智慧媒體技術的出現，近期社會科學研究者主要從單個具體的智慧媒體技術入手，繼續將人類的特徵（如人格特性）作為社交化機器的表徵，從而衡量機器的人機交互程度。其中具有代表性的研究有：德國學者尼可・克萊默（Nicole Krämer）團隊對社交機器人陪伴效應的研究（Krämer, Eimler, von der Pütten, Payr，2011），美國學者史蒂夫・瓊斯（Steve Jones）對物聯網的研究（Jones，2014），美國的傑瑞米・拜倫森（Jeremy Bailenson）及其學生傑西・福克斯（Jesse Fox）對虛擬現實對人的社會認知的影響的研究（Fox, Bailenson, Tricase, 2013），以及日本的孝神田（Takayuki Kanda）和石黑浩（Hiroshi Ishiguro, 2013）對公共場合（如火車站和購物中心）的服務機器人的社會影響的研究等。這些研究均從人機互動（human-computer interaction）的角度探究技術對使用者在認知和情感上的類人的影響。然而近期該領域的研究缺乏一個統一的理論框架指導，所以呈現碎片化的趨勢。

從人與人交流到人一機交流

細心的讀者會從以上對人與人交流、人一機一人交流和人一機交流的比較中發現這樣幾個問題。首先，對人　機一人交流的研究中，我們放眼看去的盡是媒介（機器）的短處，比如它跟人際面對面交流比起來有何不足。然而，在人一機交流研究中，我們開始著眼於人類心智的不足（Sundar et al., 2015）。按照媒體等同理論的解釋，人類大腦尚未進化到能在潛意識裡識別人與機器的區別，所以人類「情不自禁」地對機器做出社交反應（Reeves, Nass, 1996）。然而，從一九九六年至今，我們已經具有了長達二十年的更多的機器使用經驗。人類社會已經出現了不止一代的數位原住民（digital natives）[3]。這些都使當我們面對機器的智慧時不再驚慌失措，而是開始冷靜平和地接納它。也就是說，媒體等同理論的基本前提需要重新檢驗。

其次，人類在上萬年的進化過程中早已把社交屬性烙在骨子裡，然而與機器的交流才剛剛開始。所以目前階段，我們對人一機交流的理解是建立在將人類的交流方式生搬硬套到人一機交流的基礎上的。雖然這一點無可厚非，但未來，突破人類中心主義的侷限，從更中立、甚至偏向於機器的角度考察人一機交流的模式與效果，我們的認識會更全面一些。

3 指的是一出生就處於數位環境中的一代人。

參考文獻：

[1]Daft R L, Lengel R H. Organizational information requirements, media richness and structural design [J].Management Science, 1986, 32: 54-571.

[2]Fox J, Bailenson J N, Tricase L. The embodiment of sexualized virtual selves: The Proteus effect and experiences of self-objectification via avatars [J].Computers in Human Behavior, 2013, 29: 930-938.

[3]Jones S. People, things，memory and human-machine communication [J]. International Journal of Media and Cultural Politics, 2014, 10(3): 245-258.

[4]Kanda T, Ishiguro H. Human-Robot Interaction in Social Robotics [M].Boca Raton, FL: CRC Press, 2013.

[5]Krämer N C, Eimler S C, von der Pütten A M, et al. Theory of companions: What can theoretical models contribute to applications and understanding of human-robot interactions? [J].Applied Artificial Intelligence, 2011, 25(6): 474-502.

[6]Lombard M, Xu K. Media are Social Actors: Expanding the CASA Paradigm in the 21st Century [D]. Fukuoka, Japan: The annual conference of International Communication Association, 2016.

[7]Lasswell H D. The Structure and Fucntion of Communication in Society: The Communication of Ideas [M].New York: Harper and Brothers.

[8]Lea M, Spears R. Paralanguage and social perception in computer-mediated communication [J].Journal of Organizational Computing, 1992, 2: 321-341.

[9]Nass C, Moon Y. Machines and mindlessness: Social responses to computers [J]. Journal of Social Issues, 2000, 56(1): 81-103.

[10]Reeves B, Nass C. The Media Equation: How People Treat Computers, Television, and New Media Like Real People and Places [M].Stanford, CA: CSLI, 1996.

[11]Short J, Williams E, Christie B. The Social Psychology of Telecommunications [M].London: Wiley, 1976.

[12]Sundar S S, Jia H, Waddell T F, et al. Toward a theory of interactive media effects (TIME): Four models for explaining how interface features affect user psychology [A].Sundar S S. The Handbook of the Psychology of Communication Technology [C]. Malden, MA: John Wiley & Sons, Inc., 2015: 47-86.

[13] 約翰・馬爾科夫・與機器人共舞 [M]. 郭雪，譯・杭州：浙江人民出版社，2015.

第二節
陪伴

從雪莉．特克爾的《群體性孤獨》到約翰．塞爾的「中文房間」論證，無不昭顯著人工智慧／機器人陪伴的真實的謊言。其出發點在於信源的「真實性」。然而信源沒有意識沒有生命，我們就可以否認傳播效果的真實性嗎？陪伴效應，我們當根據因還是當根據果？

群體性孤獨？

美國麻省理工學院（MIT）的雪莉．特克爾（Sherry Turkle）教授是享譽世界的社會心理學家，在人與技術關係領域具有很高的聲望。這位被稱為網路文化領域的「瑪格麗特．米德」[4]的學者的每一本書都會引發熱議。從進入社會科學領域伊始，我把她的每一本著作都奉為經典，反覆研讀。二〇一二年，特克爾教授的《群體性孤獨》（*Alone together: Why We Expect more from Technology and Less from Each Other*）出版後，又一次引發廣泛的討論。在 TED 論壇上，她拋出了這樣的質疑：「我們在開發機器人。它們被稱作社交機器人，專門被用來陪伴老人、孩子和我們。我們失去陪

4 瑪格麗特．米德（Margaret Mead, 1901-1978），美國著名人類學家。係美國現代人類學成形過程中的重要的學者，總統自由勳章獲得者。

伴對方的信心到了如此的地步了嗎？」（We are developing robots. They call them sociable robots, they are specifically designed to be companions, to the elderly, to our children, to us. Have we so lost confidence that we will be there for each other?）

然而，我與特克爾教授在人與技術關係上的觀點卻有很大的分歧。我確信在她書中的論據詳實而有力，但我卻每每得到與之相反的結論。在她一九八五年的《第二個自我》（*The Second Self*）[5]裡，她質疑同為 MIT 同事的人工智慧先驅馬文・明斯基（Marvin Minsky）的「非心理學」開發人工智慧心智的方法。到了一九九五年的《虛擬化身》（*Life on the Screen*），她進一步指出電腦對人類獨特性的侵犯。二〇一二年的《群體性孤獨》不過是對這一質疑的進一步延伸。至於二〇一五年新發表的《重拾交談》（*Reclaiming Conversation: The Power of Talk in a Digital Age*），則是徹底吹響了討伐人機交流、奪回人機交流陣地的號角。

這樣的觀點代表著目睹人類生活慢慢被技術蠶食後的無奈與反抗，而這樣的觀點我們並不陌生。比如，雪莉・特克爾將兒童與社交機器人的親密關係歸因於兒童某些方面的缺失：「兒童的依戀並不簡單取決於機器人能夠做些什麼，而在於兒童缺失了什麼。在這場實驗中，許多兒童似乎缺失了他們最重要的東西：父母的關注，以及『認為自己很重要』的意識。兒童把機器人想像成他們生活中失去的那些人的替代者……我們向機器人索取什麼，就代表我們需要什麼。」（克特爾，2014，pp.96-97）

真實的謊言

我與特克爾教授在人與技術關係觀點上的分歧固然帶有年齡、文化、個人經歷的烙印，更有意思的是，這也折射出心理學與傳播學兩個學科的差

5 二〇〇五年 MIT 出版社推出該書的二十週年版本 The Second Self: Computers and the Human Spirit。

異。作為一名接受過心理分析訓練的心理學家，特克爾教授的出發點在於信源的「真實性」：人類感受到快樂是真實的，因為腦內分泌的多巴胺是真實可測的；我們能對其他人的痛苦經歷感同身受，是因為激發我們共鳴的經歷是真實的。「真實性意味著設身處地地為他人著想的能力，因經歷相似而與他人產生情感共鳴的能力，因為人類以相同的方式出生、擁有家人、品味失去家人的痛苦和死亡的真義。而機器人，即使再精密複雜，顯然也難以企及。」(2014, p.7)

然而信源的「真實性」本身不就是一個偽命題嗎？我們可以因為巧克力帶來的多巴胺不是真實的愛人帶來的就拒絕承認巧克力能改善我們的情緒嗎？

我在美國念博士的時候，一位美國同學對電影表演很感興趣。他的一個研究項目就是把大腦功能與表演風格結合起來進行考察。戲劇表演中有兩個流派：一個是表現派，強調演員表演時將鑽研出的人物性格準確地如一面鏡子一樣重現在舞台上；而另一派是體驗派，主張演員把自己的情感融入表演，表演時或多或少感受到應該表現出的情緒。前者強調對角色的反覆揣摩，用心模仿，進而冷靜判斷。用這一派的祖師爺 19 世紀法國演員哥格蘭的觀點來說，就是「藝術不是合一，而是表現」。而後者則要求演員聽命於自己的感受，需要流淚時，立馬能表現出自己的傷心記憶，需要大笑時，自己的歡樂記憶噴湧而出。所以演員在每一次演出時都會真正產生人物的熱情。而眾所周知，人的感性控制主要依靠右腦，而左腦則掌控理性。反映在臉部上，被右腦控制的左邊臉會比右邊臉表情更動人。如果體驗派的表演者體驗的是真實的情感，而表現派表演者只是透過理性控制自己的身體，那麼前者表演中更多的是動用右腦，左臉的表情會更豐富，後者則運用左腦居多，右臉的表情會更豐富一些。

於是這位同學把好萊塢演員中典型的兩派演員做出各種表情的照片找出來，用圖像處理軟體把他們的左臉和右臉切割之後再鏡像，生成一堆完全對稱的大頭照，然後讓受試者判斷每張照片反映出來的情感。結果倒是不讓人意外：左臉鏡像反映出的情緒比右臉鏡像的情緒更準確，更真實。

然而，即使在知道這個結論之後，我們依然會對表現派演員的表演樂在其中。我們會因為他們展現出的憂傷快樂僅僅是運用理性的手段動用了臉部的幾塊肌肉造成的便嗤之以鼻嗎？顯然不會。

從達爾文開始，到十九世紀心理學家威廉·詹姆斯（William James），再到當代的心理學家們，一個共同的觀點就是：人類不僅僅是因為開心才會微笑，因為沮喪而皺眉頭；相反的因果關係依然成立，那就是：我們做出微笑的表情後，我們便會覺得高興，我們皺眉之後便會覺得不開心。這就是著名的臉部回饋假設（facial feedback hypothesis, Kleinke, Peterson, Rutledge, 1998）。難道我們會因為讓我們喜悅的不是愛人的擁抱、同人的讚許、家人的肯定，而僅僅是我們讓自己的嘴角上揚，就否定了這種喜悅的真實嗎？

信任與移情

人類上萬年的進化過程中，謹慎一直是被推崇的品質，即使是杯弓蛇影、草木皆兵。哈利波特第二部《哈利波特：消失的密室》中金妮的父親曾給過金妮一個警告：「不要相信任何會自己思考的東西，除非你能看到是什麼在操縱它的大腦。」這樣對陌生智慧不信任的觀點古而有之。中國西周匠人偃師獻給周穆王的能歌善舞的機器人「能倡者」因為「勾引挑逗」王之美人，引得龍顏大怒。偃師只得剖開機器人，演示其「皆傅會革、木、膠、漆、白、黑、丹、青之所為[6]」的五臟六腑，才博得周穆王的信任。

因為對機器智慧的不熟悉，人們對它自然也不敢抱以信任。更重要的是，對機器，我們沒法實現移情。移情（empathy），指一種情感從一個人向他人轉移的模糊過程，是同情心以及情感共鳴的前提。例如，我們看到別人流淚，自己也會難過；看到別人手舞足蹈，自己也會興奮起來。不僅在生命

6　意為：都是用皮革、木料、膠水、油漆、白粉、黑粉、紅粉、青粉等材料做成的。

體中如此，微觀世界中的「量子糾纏」（quantum entanglement）現象[7]也被多次證實。

然而，不少人相信，只有人才能真正的關心他人，與之發生情感共鳴。然而，我們似乎誇大了人的這一功能。當別人握著你的手給予你安慰的時候，很可能他只是例行公事，而非真的感同身受。這樣例行公事的行為與程式編製出的行為有何區別？如果我們一定要區分這兩者的差別，未免犯了信源至上的錯誤。如果我們從資訊接收方來看，只要對方表露得不露痕跡，接收方是感受不到區別的。這樣看來，程式的欺騙行為和人類的作秀行為從傳播效果上而言的確殊途同歸。

讓我們回到著名的圖靈測試：如果機器能騙得了人認為它是人，那麼它就具有智慧。換言之，機器如果表現得智慧，我們便認為它是智慧的。雖然約翰・塞爾（John Searle）著名的「中文房間」論證（the Chinese room argument）指出機器智慧的欺騙性，然而只是取得了在質疑信源上的成功，卻未對交流的效果帶來實質性的挑戰。如果我們能夠接受「表現出的」智慧，為什麼就不能接受「表現出的」關心，「表現出的」信任呢？

美國哲學家約翰・塞爾於一九八〇年提出「中文房間」論證。想像一位只說英語的人身處一個房間之中，這間房間除了門上有一個小窗口以外，全部都是封閉的。他隨身帶著一本寫有中文翻譯程式的書。房間裡還有足夠的稿紙、鉛筆和櫥櫃。寫著中文的紙片透過小窗口被送入房間中。房間中的人可以使用他的書來翻譯這些文字並用中文回覆。雖然他完全不會中文，然而透過此程式，房間裡的人可以讓任何房間外的人以為他會說流利的中文（如圖 3-1 所示）。

7　共同來源的兩個微觀粒子之間存在著某種糾纏關係：不管它們被分開多遠，對一個粒子擾動，另一個粒子就會感知到。這是近幾十年來最重要的物理學發現之一，它表明意識可能是物質的一個基本特性。

圖 3-1　「中文房間」假設
（圖片來自網路）

這一假想實驗指出了圖靈測試中的漏洞，即認為只要電腦擁有了適當的程式，就可以說電腦像人一樣地進行理解活動。

陪伴效應，根據因還是根據果？

面對關於生命體與機械體的淵源的質疑，人工智慧的權威人物馬文・明斯基（Marvin Minsky）回答道：「結構複雜的機器行為只取決於不同部分之間的相互作用方式，而不是製成它們的材料。」（2016, p.25）這一點倒是與傳播學的觀點殊途同歸：信源與信宿發生的相互作用，交流過程中的傳播效果是有跡可循的，即使信源缺乏某些特質，比如意識，比如生命。

大衛・利維（David Levy）在其《與機器人的愛與性》中比較了人愛上人與人愛上機器人的情形。

人為何會愛上另一個人？一九八九年，幾位心理學家開出了具體的藥方：

第一味藥為相似性（similarity），共同的興趣愛好，相似的教育背景，相同的社交習慣等；

第二味藥為欣賞對方的特點（desirable characteristics of the other），比如女方要求男方有幽默感責任感，男方要求女方溫柔體貼等。

第三味藥是互相喜歡（reciprocal liking），這一點易於理解。社會影響（social influences）也會發揮作用，基於此，我們不會輕易選擇違背社會期望的人（比如年齡相差過大或者地位過於懸殊的人）做配偶。

第四味藥是需求的滿足（filling needs），雙方能滿足對方親密或共同組建家庭的需求。獨特性（unusualness）、明確的線索（specific cues，比如富有磁性的聲音）、進入一段感情關係的準備程度（readiness for entering a relationship）、排他性（exclusiveness）以及神秘感（mystery），都是墜入愛河的條件（Aron, Dutton, Aron, Adrienne, 1989）。

利維在逐條分析了這些條件之後得出結論：每個條件都或多或少可以適用於人愛上機器人的情形，所以人機相愛將會與人人相愛毫無差異。

相愛尚且如此，想必其他情感也不難。現實生活中，日本老人喪失機器伴侶之後要隆重將它們埋葬的新聞，無不昭示著這種陪伴之情的真實性。在電影《充氣娃娃之戀》(*Lars and the Real Girl*) [5] 中，如最後牧師在充氣娃娃 Bianca「葬禮」上所言，「她坐在輪椅上卻能伸出雙手觸摸到我們每個人的心靈，以我們想像不到的一種方式。她是我們的老師，給我們教誨和鼓勵。Bianca 愛我們每個人。」

「缺乏關心」的人類，真的需要矯情地糾結於陪伴我們的到底是看似能夠產生共鳴卻往往不夠上心的人類，還是不能與之共鳴卻可以做到全心全意照顧我們的機器人嗎？我不清楚這樣的糾結，過了幾十年，當人類回頭看的時候，是否會覺得可笑。然而，我只知道，在我的網路朋友圈裡，一位社交機器人工程師晒出的一張全家福：丈夫、妻子、孩子，加上一個機器人，所有的人都笑得很甜。

參考文獻：

[1]Aron A, Dutton D G, Aron E N, et al.Experiences of falling in love [J].Journal of Social and Personal Relationships, 1989, 6(3), 243-257.

[2]Kleinke C L, Peterson T R, Rutledge T R.Effects of self-generated facial expressions on mood [J].Journal of Personality and Social Psychology, 1998, 74(1): 272-279.

[3] 雪莉・特克爾・群體性孤獨：為什麼我們對科技期待更多，對彼此卻不能更親密？ [M] 周逵，劉菁荊，譯・杭州：浙江人民出版社，2014。

[4] 馬文・明斯基・情感機器，王文革，程玉婷，李小剛，譯・杭州：浙江人民出版社，2016。

第三節
自我折射

機器眼中的我們是怎樣的？雖然我們目前並不能回答這個問題，但是可以肯定的是：智慧機器提供給我們絕佳的反思契機。「你認為機器喜歡你嗎？」、「你跟聊天機器人聊天的時候是什麼樣子？」從兩個實證研究中，透過這些行為主義的端倪，我們或許能夠搜尋出一絲答案的痕跡。

> 人類的普遍趨勢是孕育類似人類自身的眾生，使其成為人類熟知其品質的物體。人類喜迎月亮，擊退烏雲，自然，如若不是透過經驗和反思的修正，人類恐怕難分善惡，難辨是非。
>
> ——英國哲學家、經濟學家及歷史學家大衛・休謨（David Hume）

鏡中的我們

之前所有的討論都是圍繞著人的體驗進行的。故事的另一面也許是一個更有意思的問題：機器眼中的我們是怎樣的？在人工智慧具有意識之前，我們無從得知這一問題的答案。我們能做的，只能是從一些行為主義的端倪，搜尋一絲答案的痕跡。

來自荷蘭的一組科學家應用一個名為矽・葛蓓莉亞（Silicon Coppélia）

的機器人系統進行了一組實驗（Pontier, Siddiqui, Hoorn, 2010）。這個機器人得名於舞者 Coppélia，能夠自如模擬人的五種情緒：希望、恐懼、歡愉、悲痛和憤怒。研究者們搭建起一個快速約會（speed date）的網上場景，構建出一個虛擬的男性約會者湯姆。研究者招募來五十四名異性戀女大學生來與湯姆速配。

實驗中採用了兩個組。在一個組中，湯姆的情緒由矽．葛蓓莉亞系統自主控制，而在另一組中則由真人控制。招募來的女大學生們跟湯姆線上交談十分鐘，聊天的內容涉及天南海北，包括家庭、運動、外表、愛好、音樂、美食和私人關係等。當然受試者們並不知道她們其中的一半其實是在跟一個機器人聊天。聊天結束後，受試者們需要回答一些問題，比如她們認為湯姆是否喜歡她，而不是她們是否喜歡湯姆。

最後研究者發現，湯姆的情緒成功地影響了受試者們的判斷。而受試的女性們認為她們留給對方（湯姆）的印象在兩組中並無差異，不管這個情緒操縱是來自於機器人還是人類。換言之，拋開人類對機器人的喜愛與否，在與機器人交流的過程中，人類看到鏡中的自我，與人與人的交流過程無異。比如，不論對方是機器人還是人類，只要對方表現出憤怒或者悲傷，我們就知道我們在對方的心目中並不美好；而如果對方綻放歡顏，那麼我們就知道我們被對方認可了。

一路走來，人工智慧與機器人都在智力、行為、外表等諸多方面追趕著人類，而人類卻始終未被超越。因為我們總是想著「複製」人類自己，即使在普通人中，這樣的想法也並非罕見。二〇〇三年，彼得．普蘭泰克（Peter Plantec）與雷．庫茲韋爾（Ray Kurzweil）合著了一本名為《虛擬人：你可以按照說明自行組裝》（*Virtual Humans: A Build-It-Yourself Kit, Complete with Software and Step-by-Step Instructions*）的書，描述了如何組建自己的虛擬鏡像的方法。亞馬遜網站上這本書得到了五分中的四．一分，並擁有了相當的銷量。

我在讀博士的時候，曾經著迷過一個叫作 My Cybertwin 的網站（中文的意思為「我的網路雙胞胎」)。這是一個提供個性化聊天機器人的澳洲網站。使用者註冊後可以創建自己的聊天機器人，用自己獨特的表達方式去訓練它[8]。從這家網站的名字可以看出，其主打的方向是向使用者推介虛擬代理的服務。這和之前流行的 MSN 中的代理機器人相似，如果使用者有事不在線，可以選擇使用聊天機器人代為作答。My Cybertwin 的創始人麗莎・卡伯(Liesl Capper)與合作者們將「FAQ[9] 機器人」的服務提供給銀行與保險公司等企業，網站使用者便可以就他們關心的服務與產品展開提問並獲得答案。這樣一來，企業既可以提供給客戶個性化的資訊，又可節省客戶呼叫中心的成本。當他們在澳洲國民銀行(National Australia Bank)的網站上建立了這套系統後，超過百分之九十的網站訪客認為自己正在與人類互動，而不是與軟體程式打交道。

儘管 My Cybertwin 的對話可能達不到透過圖靈測試的完美程度，但是卻提供了很好的訂製化服務。以致很多年後的今天，我依然犯職業病一樣的詢問諸多網站上的問答服務者：你到底是機器人還是人？當然，卡伯女士後來將 My Cybertwin 更名為 Cognea，並在二〇一四年春成功將其賣給了 IBM，這是後話了。

自我映射

人工智慧先驅之一的馬文・明斯基(Marvin Lee Minsky)在著作《情感機器》中總結了人類的精神活動的六個層次(二〇一六)。最靠近本能行為系統的首先是本能反應，比如趨利避害的本能；其次是後天反應，透過獎罰機制在學習中獲得；再次是沉思、反思、自我反思；最後最高的自我意識情感最接近價值觀、內隱束縛和理想。面對外部世界，大腦需要作出「沉思」，例如，思考它的言行舉止。然而僅此一項是不夠的，大腦還需要進行「反

8 這嚴格說來應該是專家系統。

9 英文 Frequently Asked Question(常見問題)的縮寫。

思」，比如思考一個行為會使他人如何看自己。如果進而想到自己的行為是否合適，這便是「自我反思」。而考慮這個行為是否遵守了自己的原則，這個時候便成了「自我意識」。

大腦中的常規思維系統如一支驕傲而勇猛的軍隊，常常勢如破竹。只有當人們不能使用常規思維系統時，才會使用高層次的思維方式，比如反思性思維。例如，平日裡我們幾乎不會想到「你好嗎」這樣一句簡簡單單的話是如何脱口而出的，只有當你需要教一個幼兒或外國人學中文時，才會一板一眼考慮是如何發音吐字的。這樣的道理同樣可以解釋虛擬鏡像的流行。對虛擬自我的構建，提供了一個反思性思維的契機，得以思考自己理想中是何模樣，言行舉止如何。換言之，人工智慧與社交機器人可以被用來營造一個近乎真實的，而且可控的社交環境。在一些特殊人群身上，這無異於一個福音。

自閉症是一種由於神經系統失調導致的發育障礙，其病徵包括不正常的社交能力、溝通能力、興趣和行為模式。自閉症患者通常存在著嚴重的語言障礙、社會交往障礙，同時還伴有興趣狹窄、行為刻板、情緒不穩定等明顯的特徵，由此引發的種種行為問題讓自閉症患者難以融入社會。美國疾病預防控制中心近期的一項調查顯示，每一百五十個美國兒童中就有一人患有自閉症。而在英國，自閉症兒童患者比例也達到創紀錄的一比一百一十。而在之前的幾十年裡，該比例僅僅為每兩千五百名兒童中有一名自閉症患者。自閉症，正在成為一種「流行病」。

面對這個來勢洶洶的「流行病」，來自不同國家的多支團隊把目光放在了社交機器人身上。因為社交機器人的社交屬性，以及無人能及的耐心，使它成為幫助患兒走出自閉的良師益友。目前把社交機器人用於自閉症患者的治療上，療效頗佳[10]（見圖 3-2）。

---

10 http://www.guduzheng.net/2014/05/7413369233474.html.
http://www.ithome.com/html/next/179118.html.
http://jandan.net/2015/04/21/autism-teaching-robot.html.

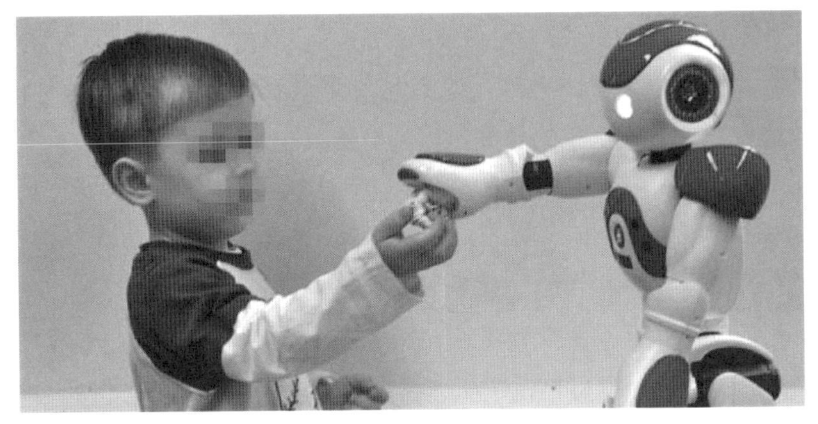

圖 3-2　機器人 NAO 幫助自閉症兒童克服社交障礙

別人眼中的鏡中的我們

二〇一六年八月，微軟發布第四代聊天機器人小冰，頗為自豪地宣布：截至二〇一六年五月，小冰已和多個國家的數千萬人類進行了超過兩百億次對話，平均對話長度達到二十三輪，而圖像等多感官的對話也超過兩億次。關於與小冰這樣的聊天機器人聊天所出現的問題，我在第二章也有論述。這裡，我們換個角度，問一個不同的問題：當使用者跟小冰聊天的時候，展示的是怎樣的形象？這個形象是否與在跟人聊天的時候展示的形象一致？

為了回答這個問題，我和我的助理們展開了這樣一項研究（Mou, 2016）。首先，我們找到六個年齡、性別、職業背景均不同的小冰使用者，讓他們截取出微信裡跟小冰首次聊天的記錄（刪除敏感資訊）以及他們跟一個人類朋友的首次聊天記錄。在去掉個人身份相關的資訊之後，我們把每個人的兩組聊天記錄交給同一個人，讓他／她在瀏覽完兩組聊天記錄後分別對聊天者進行評價。總共有兩百多個受試者參加了這個評價。當然，他們在閱讀聊天記錄的時候，並不知道這兩份聊天記錄是來自同一個人，也不知道這個聊天者是在跟誰聊天。受試者評價的內容包括聊天者的性格特徵，對交流的掌控程度，以及聊天者自我表露的程度。這兩組評價再與這六名聊天者的自我評價相比較。

最後的結果讓人大吃一驚，但又順理成章。在這三組評價中（自我評價，依據人與人聊天記錄的評價，以及依據人—小冰聊天記錄的評價），自我評價中感覺最良好，而依據人—小冰聊天記錄得出的評價最糟糕。例如，一個聊天者會覺得自己很友好、很宜人、很具有開放心態，但是他／她在跟小冰聊天的時候展現出來的卻是不友好、不宜人、心胸狹隘的一面。

值得一提的是，這六名聊天者中男女各佔一半，他們的年齡與職業各不相同。從聊天記錄也可以看出，他們討論的話題也不盡相同。比如一名女大學生會聊易烊千璽[11]，會聊大學裡的選課系統；而一名中年男性職業人則主要介紹公司概況。然而，不管他們的背景經歷如何，最後展示出的規律都驚人相似。

原來，在不經意之間，面對不同的交流對象，我們的傳播行為具有如此一致的特徵：在缺乏社會道德審判的情境之下，我們終將難以「慎獨」。

11 流行偶像團隊 TF Boys 中的成員。

參考文獻：

[1]Mou Y. Revealing the True Self to AI? Comparing the human-human and human-AI first social interactions [D]. Fukuoka, Japan: The post-conference of International Communication Association, 2016, 6.
[2]Pontier M A, Siddiqui G F, Hoorn J F. Speed dating with an affective virtual agent: Developing a testbed for emotion models [D]. Philadelphia, PA: The 10th International Conference on Intelligent Virtual Agents, 2010.
[3] 馬文・明斯基・情感機器 [M]. 王文革，程玉婷，李小剛，譯・杭州：浙江人民出版社，2016。

04 The fourth chapter

第四章

傳播的進化

幾千年來，人類傳播的歷史一直在提供語言失敗的證據；透過它，我們無法直達交流的彼岸，實現思想的無障礙交流。或許，人類的遠祖「偶然地」選擇了語言，並發展出與之對應的智慧形式，實則帶來交流的侷限。這樣的傳播不過是一個幻影。起初這個幻影還是小小一點；而人工智慧的出現，放大了這個幻影，變成懸於頭頂上方的陰影。是時候反思我們關於傳播的概念了。從一種嶄新的智慧出發，重新定義真實，重新定義關係，重新定義我們自身。若不如此，我們的傳播將永遠都是幻影。

我很少用語言來思考。想法產生後，我才會設法用語言來表達。

——亞伯特．愛因斯坦

不斷加速的科技進步，以及其對人類生活模式帶來的改變，似乎把人類帶到了一個可以稱之「奇點」的階段。在這個階段過後，我們目前所熟知的人類的社會、藝術和生活模式，將不復存在。

——波蘭裔美籍數學家斯塔尼斯拉夫．烏拉姆（Stanislaw Ulam）

幻影，還是本質？

最基本的資訊從信源經管道到信宿的傳播模型直接源自資訊論。儘管它簡明有效，但不免犯了過於簡化的錯誤。從工程技術到人文社會，伴隨場景的改變而來的是基本假定的動搖。然而在過往的幾十年裡，鮮有對基本設定的質疑。人類是如此的習慣於以人類為中心的存在格局。而今天，當人類經歷兩次人工智慧寒冬而迎來第三個人工智慧春天的時候，當我們隱約可以遙望奇點的時候，我們發現這個帶有明顯人類中心主義的傳播模型也正在隨著人類過度自信的逐步瓦解而動搖。我們的目的不是離經叛道，而是回歸傳播的本質。

在長達上千年的交流歷史中，人類毅然決然地選擇將資訊語言化。依據語言，我們發展出與之對應的智慧結構。人類社會所有的現象，歸根結底都能找到語言的癥結。人類透過操縱語言來捕獲心智的獵物，然而人類也是語言陷阱的受害者。語言大師理查德・萊德勒（Richard Lederer）用詼諧的方式諷刺了英語語言中的怪相：「如果成年人（adult）犯通姦罪（adultery），那麼嬰兒（infant）是否犯步兵罪（infantry）？如果橄欖油（olive oil）是從橄欖（olives）中提煉出來的，那麼嬰兒油（baby oil）又是從哪裡提煉出來的？如果素食主義者（vegetarian）吃蔬菜（vegetables），那麼人道主義者（humanitarian）吃什麼？」

中文語言混淆視聽的能力也絲毫不遜色。「從前喜歡一個人，現在喜歡一個人。」、「如果你先到，你等著。如果我先到，你等著。」這樣的例子不勝枚舉。相信任何一個走入一種新的語言世界的人都會深有體會。

不僅僅在不同語言間切換，即使是同一種語言的熟練使用者也會常常掉進語言的圈套。哈佛語言學家史蒂芬・平克（Steven Pinker）提醒過大家：針對同一起事件，人類可以採用截然不同的框架來表述並定義它。然而，如此靈活的心智固然是令人稱道的天資，也是可怕的詛咒。平克警告道：「也正是因為這一天資才使得我們幾乎無法對人們對一個指定情景的思考和談論的方式作出準確的判斷。」（2015, p.62）

2002 年丹尼爾・克勒曼（Daniel Kahneman）與弗農・史密斯（Vernon L.Smith）分享了當年的諾貝爾經濟學獎。丹尼爾・克勒曼早年與阿莫斯・特沃斯基（Amos Tversky，因英年早逝而錯過諾貝爾獎）因關於人在非理性的情況下如何做出決策的心理學工作而獲得此項殊榮。這即是在金融學中非常重要的展望理論（prospect theory）。克勒曼與特沃斯基大概是最早發現言語框架的重要性的研究者了，他們曾經描述過如下這樣的一個「亞洲疾病問題」（Kahneman, 2011, p.368）。

假設美國正在準備對付一場來自亞洲的突發性流行病，預計將會有六百人因感染該種疾病而喪生。兩套應急方案被提出，預期它們的結果將是：

如果方案 A 被採用，兩百人將被拯救；如果方案 B 被採用，有三分之一的概率這六百人將被拯救，而三分之二的概率這六百人不會被拯救（即喪生）。

如此一來，大多數人的選擇，也許跟你的選擇一樣，將會選擇方案 A。確定性在此處戰勝了不確定性。

然而，如果我們換一種方式陳述這個預期的結果，情況又會如何？

如果方案 A 被採用，四百人會喪生；

如果方案 B 被採用，有三分之一的概率這六百人將無一人喪命，而三分之二的概率這六百人會喪生。

猜猜結果如何？在第二種陳述裡，大多數人會選擇賭一把（方案 B）。

稍稍瞭解一點傳播學的人對此現象並不陌生。它便是常見的框架理論：即使描述同樣的事實，語言框架的改變（兩百人會獲救 V.S. 四百人會喪生），就會直接影響到資訊的傳播效果（比如人的選擇）。同樣的原因，你就能懂得從「全球暖化」（global warming）到「全球氣候變化」（global climate change），從「失業者」到「潛在勞動力」的轉變了。

我無意過分糾結於言語的技巧與功能，對這些「奇巧淫技」的探討該是屬於語言學家的工作。我也絕非所謂語言決定論者或沃爾夫主義者，一廂情願地認為「言語決定思想」。但是我並不否認，言語確實給傳播帶來不可磨滅的影響。我甚至更進一步，質疑語言在傳播中的中心地位。幾千年來，人類傳播的歷史一直在提供語言失敗的證據；透過語言，我們很難直達交流的彼岸，實現思想的無障礙交流（彼得斯，2003）。或許，人類的遠祖「偶然地」選擇了語言，並發展出與之對應的智慧形式，實則帶來交流的侷限。這樣的傳播不過是一個幻影。起初這個幻影還是小小一點；而人工智慧的出現，放大了這個幻影，變成懸於頭頂上方的陰影。我們不安，我們惶恐，我們想逃離這片陰影。

語言是傻子，

一旦有人牽引，便盲目隨從。

而思想如翠鳥，隱沒於池塘，

安靜地，很少被發現。

Words are fools.

Who follow blindly, once they get a lead.

But thoughts are kingfishers that haunt the pools.

Of quite, seldom-seem...

——引自英國著名詩人西格里夫・薩松（Siegfried Sassoon）的詩歌

電腦科學家、聊天機器人鼻祖 Eliza 的發明者約瑟夫・維森鮑姆（Joseph Weizenbaum）在其對 Eliza 及人工智慧的反思力作《電腦力量和人類理性》中發出這樣的聲音：

> **一旦電腦與結構完全整合，與眾多關鍵子結構相雜合，電腦會成為該結構不可或缺的一部分。想要去除電腦，必然會對整個結構造成致命的損害。這基本上是舊話重提。其作用在於，它能重新喚醒我們，使我們認識到這樣一種可能性：一些人類活動——如將電腦引入一些複雜的人類活動——可能會沒有回頭路可走。**

這本書看到這裡，你也許會得出這樣的結論：人工智慧作為一種新的交流對象會如此深刻地改變我們的傳播行為，那麼按照維森鮑姆的邏輯，如果有一天我們想去除這樣一個交流對象，勢必會對我們人類自身造成致命的損害。的確，按照這個邏輯，這樣悲劇的結局不可避免。然而，我的問題是：我們真的需要將這樣一個全新的交流對象剝離出我們的生活嗎？如果未來不可避免，為何不做好迎接的準備？

正所謂名不正則言不順。對機器交流潛質的限制，其實是由機器在人類社會結構體系，尤其是道德體系中的位置不確定而導致的。所以，讓我們回到原點，看看我們應該如何為機器（包含人工智慧）正名。

回到原點

人類今天遭遇的關於人工智慧的種種道德難題其實與西方的哲學傳統是分不開的。從笛卡兒的二元論開始，強調個體和實體的西方認識論就不斷用屬性（property）將人與非人區分開來（Coeckelbergh, 2011）。因為動物沒有理性，所以人類可以對它們肆意屠殺；因為機器沒有意識，所以它們盡可以被呼之即來揮之即去。因為人類擁有一切人類自定義的品質，所以盡情站在道德的制高點，享用古羅馬詩人盧克萊修（Titus Lucretius Carus）所說的樂趣：「站在岸上靜觀海上的船隻在風浪中顛簸」；「站在城堡的窗口俯視下面廝殺的場面」；當然更有「站在真理的高山上看底下的人，有的誤入歧途，有的浪跡四方，忽而漫天迷霧，忽而風雲變幻」。

然而，這樣的認識論帶來的問題也是顯而易見的。首先，我們需要確定哪些特徵是與道德地位相關的。是意識？是理性？是情感？還是其他特徵？而意識如何定義？理性如何定義？情感又如何定義？人類對自身的意識、理性和情感都還弄不清楚，自然對人工智慧應該反映出何種意識、理性和情感也是一片茫然。以意識為例，一個廣泛被接受的看法就是，如果一個生命能在鏡子中認出自己，那麼這個生命體就具有了自我意識。自黑猩猩開始，生命便有了自我意識，而不是如低等生物那樣對著鏡中的自己一陣張牙舞爪。然而，對人工智慧而言呢？何時可以說它具有了意識和自我意識，而不僅僅是按照程式執行命令而已？這些問題的不確定性會把我們帶入懷疑主義和不可知論。

其次，未來的人工智慧發展的不確定性會讓我們無法確認機器到底具有哪些本質，從而人類的認識能力將受到極大的挑戰。正如科幻美劇《疑犯追蹤》裡，兩個超級人工智慧的對話方式，我們只能狹隘地按照我們慣常的方法想像為人類自然語言的使用（各自派出人類代理人來完成對話），而可能偏離真實情況十萬八千里（比如它們可能會使用更底層的語言，在人類沒有任何察覺的情況下完成了想法的交換）。如果我們固執地拒絕理解機器的客觀特徵，敏感的人類很可能會因此受到傷害。就像特克爾（2014）在《群體性孤獨》中提出的問題那樣：一個壞掉的機器人是否會傷害一個孩子？孩子將機器人對她的冷漠歸結於對她不感興趣，而真實的原因是機器人沒有識別出這是一個人。

思考人與人工智慧的關係，是一個將人工智慧擬人化的過程。就像一個人可以每天熟練操作印表機，如果從不思考他與印表機的關係，那麼他對印表機的使用不過是機械化程式化的操作而已。但是突然有一天，他在考慮他與印表機的關係的時候，便把人類社會活動中的關係問題帶入到了機器上。比如，他會認為印表機是他的夥伴，是他的助手，甚至是他的僕人。

在對待人工智慧上，一開始，人類就鎖定了主僕關係。這樣的傳統可以追溯到人工智慧發展早期。為了打消 IBM 內部對電腦威脅論的疑慮，IBM 管理層傳授了一個簡單粗暴的觀點：電腦只能按照編好的程式工作。這句話奠定了後來半個世紀裡人類關於機器智慧的思維定位，那就是電腦會按部就班地按照人的指令完成任務，所以這些電子大腦只是順從的僕人，它們會無條件地聽從人類指揮（卡普蘭，2016）。

然而人類的創造物就一定會聽從於人類，成為人類的僕人嗎？正如孩子由父母創造出來，但是孩子是父母的僕人嗎？黑格爾用主僕關係闡釋了人與上帝的關係，上帝是主人，人類是奴隸。然而，當人類反過來創造的時候，上帝的主人地位就岌岌可危了。這句話也同樣適用於人與人工智慧的關係。

為了糾正實在主義（realism）在處理人工智慧問題上的不足，比利時哲學家馬克．寇克爾伯格（Mark Coeckelbergh）提出了關係主義（relationism）的視角，即機器人的意義既不存在於機器人之中，也不存在於人類的主觀想像之中，而是存在於具體的人一機關係之中（Coeckelbergh, 2014）。

美國技術哲學家唐．伊德（Don Ihde, 1990）將人與技術的關係分成三類。

第一類是具身關係（embodiment relations），即身體認知的放大，技術成為我們身體的一部分，以至於我們不會注意到它。比如近視眼者佩戴的眼鏡，甚至今天很多重度手機使用者手上的智慧手機，儼然成為使用者身體的一部分。

第二類詮釋關係（hermeneutic relations）中，技術介於人與世界之間，成為我們觀察世界、理解世界、進而操縱世界的工具。最典型的莫過於太空望遠鏡與人類的關繫了。

最後一類是它異關係（alterity relations），技術既非我們身體的一部分，也非人與外部世界的中介，而是作為它者（other）或準它者（quasi-other）與我們相遇。

少數情況下，機器人或人工智慧會以具身關係（比如之前討論到的機器外骨骼）或詮釋關係（比如在火星上考察的機器人）與人類發生關係。更多的時候，人與機器人的關係會以它異關係出現（Coeckelbergh, 2014）。在與我們的互動中，它不僅僅是「一樣東西」（a thing），而是一個可以與我們發生關係的它者。而這樣的關係，「並沒有暗示一個自我的互惠關係，或者我們需要從機器人夥伴那裡獲得認可」（p.198）。如同我們無須將自我體現（incorporate）在其他類型的它者或準它者身上一樣，我們也無須將機器人具化在我們的認知裡；機器人只是不同於我們每個個體的他者或準他者，與人類的他者無異。這樣的關係，健全而獨立。

柏拉圖的洞穴

在《理想國》第七卷，柏拉圖（Plato）作了一個著名的比喻——洞穴喻（見圖 4-1）。在一個洞穴式的地下室裡，一條長長的通道通向外面，有微弱的陽光從通道裡照進來。有一群囚徒長期居住在洞穴中，頭頸和腿腳都被束縛著，也不能轉動，只能朝前看著洞穴後壁。在他們背後的上方燃燒著一個火炬。在火炬和人的中間有一條隆起的道路，同時有一堵低牆。在這堵牆的後面，向著火光的地方，又有些別的人。他們手中拿著各色各樣的假人或假獸，把它們高舉過牆，讓它們做出動作。這些人時而交談，時而安靜。於是，這些囚徒只能看見投射在他們面前的牆壁上的影像。他們把這些影像當作真實的東西，他們將回聲當成影像所說的話。

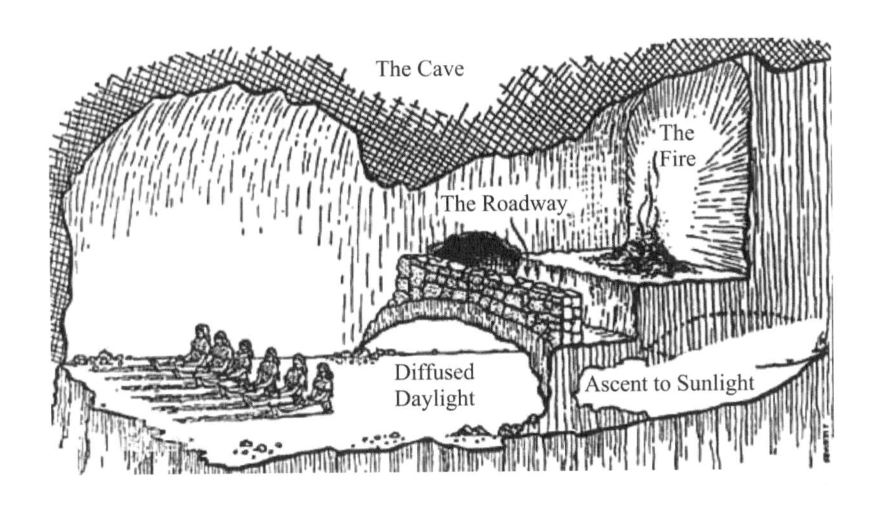

圖 4-1　柏拉圖的洞穴

假如有一個囚徒被解除了桎梏，突然站起來，可以轉頭環視，他現在就可以看見事物本身了。然而他以為他現在看到的如夢如幻，而最初看見的景象才是真實。假如有人把他從洞穴中帶出來，走到陽光下面，他將會因為光線的刺激而眼冒金星，甚至暫時失明。他可能會恨那個把他帶到陽光之下的人，認為這人使他看不見真實事物，並給他帶來了痛苦。但是，等他意識到他處於真正的自由狀態，他便開始憐憫他的囚徒同伴、厭棄他原來的信仰和生活。如果他返回去拯救他的囚徒同伴，他需要一段時間去重新適應洞中的黑暗，並且會發現很難說服他們跟他走出洞穴。

也許我們便是洞穴裡的那群囚犯，以為牆上的影子就是真實的世界。不過，囚禁我們的不是別人，而是我們自己。我不是宇宙派（見引言中的討論），並不認為將我們解放出來的會是人工智慧。人工智慧所做的，不過是透過另一種智慧形式，像那縷變異的陽光一樣，吸引著洞穴裡的囚徒走向洞口一步。至於能不能逃離，這還得依靠人類自己來決定。

一九八〇年代霍德華·加德納（1985）提出人格智慧是人類的一種重要的智慧形式。而人格智慧又包含兩個方面：一種是個體對自己的感受的審查與認知的能力，即自省；另一種是發現與其他個體的差異（包括行為、感受與動因等）並作出區分的能力。因為文化、空間、經驗的不同，每個人呈現出的向內與向外的人格智慧並不盡相同。然而不管在哪種文化中，這兩種類型的人格智慧都密不可分，每一種都不可能離開另外一種而獨立發展：一個人對自我的認識需要不斷憑藉透過對別人的觀察；而同時對別人的認知又依仗個體日常的內心辨別。加德納坦言，「人格智慧也就是資訊加工能力，它們是人類每一個嬰兒與生俱來的一種能力」（1985, p.281）。

當我們面對人工智慧這個他者的時候，我們更加需要運用這樣的智慧。因為它們與我們不同，所以我們需要外向的區分與辨別。而同時，不管我們給人工智慧加上何種形容詞，忠誠也好，邪惡也罷，人工智慧都可以作為一面鏡子反射出我們自身的映像；透過它，我們才能夠更好地瞭解自己。

是時候反思我們關於傳播的概念了。從一種嶄新的智慧出發，重新定義真實，重新定義關係，重新定義我們自身。若不如此，我們的傳播將永遠都是幻影。

參考文獻：

[1]Coeckelbergh M. Humans, animals, and robots: A Phenomenological approach to human-robot relations [J].International Journal of Social Robotics, 2011, 3: 197-204.

[2]Coeckelbergh M.The moral standing of machines: Towards a relational and non-cartesian moral hermeneutics [J].Philosophy & Technology, 2014, 27: 61-77.

[3]Gardner H.Frames of Mind [M].New York: Basic Books, Inc., 1985.

[4]Ihde D. Technology and the Lifeworld [M].Bloomington, MN: Indiana University Press, 1990.

[5]Kahneman D. Thinking, Fast and Slow [M].New York: Farrar, Straus and Giroux, 2011.

[6] 史蒂芬・平克・思想本質：語言是洞察人類天性之窗 [M]. 杭州：浙江人民出版社，2015。

[7] 傑瑞・卡普蘭・人工智慧時代：人機共生下財富、工作與思維的大未來 [M]. 李盼，譯・杭州：浙江人民出版社，2016。

[8] 雪莉・特克爾・群體性孤獨：為什麼我們對科技期待更多，對彼此卻不能更親密？ [M]. 周逵，劉菁荊，譯・杭州：浙江人民出版社，2014。

[9] 約翰・彼得斯・交流的無奈：傳播思想史 [M]. 何道寬，譯・北京：華夏出版社，2003。

後記

寫這本書的念頭萌芽在二〇一五年十月間。二〇一五年十月底在上海交通大學—國際傳播學會聯合舉辦的新媒體國際論壇上，我作了一個名為「社交媒體在中國：對個人、對社會的影響及其他」（Social media in China: The effects on individuals, society and beyond）的主題發言。在發言的最後，我問了一個被無數人問過的問題：「接下來是什麼？」（What's next?）因為這個問題，我又一次被引入了一個全新的領域。

從我二〇〇五年赴美國密西根州立大學開始進行傳播學碩士班的學習算來，二〇一五年剛好是我進入傳播學領域的第十個年頭。在之前很長的時間裡，自然科學一直是我的學習領域。就像之前很多人問過我的一樣：「你為什麼從化學轉入傳播學？」答案，也正如我之前重複無數次的那樣，是興趣。是的，興趣引導著我從自然科學領域跨界到了社會科學領域。這是個廣義層面的回答，更直接的回答應該是因為問題。不記得從何時開始，一些問題一直深深地縈繞在我的腦海，諸如：「人的觀念與態度是如何形成的？在這個過程中，媒體扮演著什麼樣的角色？技術是如何影響了使用者，影響了社會，進而影響了整個人類的發展進程？」我是如此著迷於找到這些問題的答案，以至於我被這些問題指引著做了職業生涯最冒險的一次跨界嘗試。

今天，我開始了又一次的跨界。只是這一次，我對我的答案更有信心。

仔細想來，我對人工智慧技術的關注並非始於二〇一五年。二〇一〇年我還在美國康乃狄克大學進行傳播學博士階段學習的時候，我就曾經跟我的導師 Carolyn Lin 教授探討過將聊天機器人（更準確地說是專家系統）應用於健康傳播領域，為特殊的人群提供準確、全面且具有互動性的健康資訊的可行性。可惜當時囿於技術等諸多因素的限制，該研究項目未能成行。然而就從那時起，人工智慧技術能給人類社會帶來的種種變革性的影響就深植我心。我一直在尋找重新啟動這個研究項目的契機，從博士階段到赴澳門任教時期，直到二〇一五年七月加盟上海交通大學媒體與設計學院。

二〇一四年四月我第一次踏進上海交通大學的校園。面試結束後，我在偌大的校園裡走著。走到某處的塗鴉時，我看到了用彩色字體書寫的一句再熟悉不過的話：「一個人只擁有此生此世是不夠的，他還應該擁有詩意的世界。」霎時間，我感到一種冥冥之中的宿命感。這是我非常喜歡的王小波先生的一句話。我一直堅信，在做研究工作的同時抱有詩意的想像與務實的理解是做研究值得追求的境界。我雖然不敢妄稱我達到了這種境界，但它一直是我的目標。

這本書雖然著眼於人工智慧技術，從傳播角度探討它將如何改變人類社會，但這本書更是我長期以來對很多思考的總結。這個過程中，很多人曾給過我幫助、指導和啟發，其中包括李本乾、王建新、俞凱、張進、曹榮昀、吳湛微、李曉靜、李驤、許坤等，在此一一謝過。同時也感謝閆改蘭小姐為本書拍攝的我的肖像。

一路上遇到的聰明的、有趣的、真誠的人們，請對號入座。謝謝！

人名索引

馬克・克納普 Mark L.Knapp
馬克・寇克爾伯格 Mark Coeckelbergh
馬文・明斯基 Marvin Minsky
馬歇爾・麥克盧漢 Marshall Mcluhan
馬修・倫巴第 Matthew Lombard
瑪格麗特・米德 Margaret Mead
瑪麗・雪萊 Mary Shelley
邁克爾・菲利普斯 Micheal Phelps
麥克米倫 R.H.MacMillan
曼弗雷德・克萊因斯 Manfred Clynes
米格爾・尼科萊利斯 Miguel A.Nicolelis
牟宗三
內森・克蘭 Nathan Kline
尼爾・波茲曼 Neil Postman
尼古拉・哥白尼 Nicolaus Copernicus
尼可・克萊默 Nicole Krämer
尼克・博斯特倫 Nick Bostrom
諾伯特・維納 Norbert Wiener
皮格馬利翁 Pygmalion
普拉納夫・米斯特里 Pranav Mistry
喬治・歐威爾 George Orwell
儒勒・凡爾納 Jules Verne
薩提亞・納德拉 Satya Nadella
森政弘 Masahiro Mori
石黑浩 Hiroshi Ishiguro
史蒂芬・霍金 Stephen Hawking
史蒂芬・平克 Steven Pinker
史蒂芬・賈伯斯 Steve Jobs
史蒂夫・瓊斯 Steve Jones
史蒂夫・沃茲尼克 Steve Wozniak
斯塔尼斯拉夫・烏拉姆 Stanislaw Ulam
蘇格拉底 Socrates
蘇珊・阿貝爾森 Susan Abelson
蘇珊・凱文 Susan Calvin
湯姆・斯丹迪奇 Tom Standage
唐・伊德 Don Ihde
唐納德・霍頓 Donald Horton
唐納德・克努特 Donald Knuth
威廉・詹姆斯 William James
溫頓・瑟夫 Vinton Cerf
沃康松 Vaucanson
沃倫・威沃 Warren Weaver
西村惠子 Keiko Nishimura
西格里夫・薩松 Siegfried Sassoon
西格蒙德・佛洛伊德 Sigmund Frend
希亞姆・桑德爾 Shyam Sundar
蕭伯納 George Bernard Shaw
孝神田 Takayuki Kanda
辛西婭・克萊 Cynthia Clay
雪莉・特克爾 Sherry Turkle
雅卡爾・德・沃康桑 Jacques de Vaucanson
雅克・埃呂爾 Jacques Ellul
雅克德羅 Jaquet-Droz
亞里斯多德 Aristotle
亞歷山大・瑞本 Alexander Reben
偃師
揚・布瑞卡 Jan Brejcha
伊萊莎・杜立德 Eliza Doolittle
伊曼紐爾・列維納斯 Emmanuel Levinas
伊曼努爾・康德 Immanuel Kant
約翰・貝克曼 Johann Beckmann
約翰・彼得斯 John Peters
約翰・馮・諾依曼 John Von Neumann
約翰・麥卡錫 John McCarthy
約翰・梅納德史密斯 John Maynard-Smith
約翰・塞爾 John Searle

聽，機器在說話：

生成式 A.I. 傳播進化：人工智慧重塑人類的交流

作　　者：牟怡，彭蘭，龐建新
發 行 人：黃振庭
出 版 者：沐燁文化事業有限公司
發 行 者：沐燁文化事業有限公司

E-mail：sonbookservice@gmail.com
粉 絲 頁：https://www.facebook.com/sonbookss/
網　　址：https://sonbook.net/
地　　址：台北市中正區重慶南路一段六十一號八樓 815 室
Rm. 815, 8F., No.61, Sec. 1, Chongqing S. Rd., Zhongzheng Dist., Taipei City 100, Taiwan
電　　話：(02)2370-3310
傳　　真：(02)2388-1990

印　　刷：京峯數位服務有限公司
律師顧問：廣華律師事務所 張珮琦律師

定　　價：250 元
發行日期：2023 年 07 月第一版
◎本書以 POD 印製

國家圖書館出版品預行編目資料

聽，機器在說話：生成式 A.I. 傳播進化：人工智慧重塑人類的交流 / 牟怡，彭蘭，龐建新 著 . -- 第一版 . -- 臺北市 : 沐燁文化事業有限公司 , 2023.07
　面；　公分
POD 版
ISBN 978-626-97531-0-9(平裝)
1.CST: 人工智慧 2.CST: 人際傳播 3.CST: 傳播科技
312.83　112009813

電子書購買

臉書